서울대 교수가 들려주는

성경 안의 수학교과서

정상권 지음

저자 **정 상 권** chung@snu.ac.kr

학 력

- 서울대학교 명예교수(2018. 9. -)
- 서울대학교 수학교육과 조교수, 부교수, 교수(1987 - 2018)
- Australian National University(방문교수)
- University of Texas at Dallas(방문조교수)
- University of Texas at Arlington(Ph.D.)
- 공군사관학교 교수부 수학교관
- 서강대학교 대학원(M.S.)
- 서울대학교 수학교육과(B.S.)

저 서

- 학교수학을 위한 수학
- 교사를 위한 해석학
- 초등학교수학을 따라가는 수학
- 수학 IN 스포츠(공저)
- 중고등학교 수학 교과서(공저)
- 수치해석(공저)
- 수치해석-과학계산을 위한 수학(공저)
- 유한요소법

성경안의 수학교과서

초판인쇄 2019년 4월 30일
초판발행 2019년 4월 30일

저 자 정상권
펴 낸 곳 지오아카데미
주 소 서울 중구 퇴계로 213 일흥빌딩 408호
등 록 2016년 3월 7일 제395-2016-000014호
전 화 02)381-0706 | **팩스** 02)371-0706
이 메 일 emotion-books@naver.com
홈페이지 www.geobooks.co.kr

ISBN 979-11-87541-57-8
값 19,000원

이 도서의 국립중앙도서관 출판예정도서목록(CIP)은 서지정보유통지원시스템 홈페이지(http://seoji.nl.go.kr)와 국가자료공동목록시스템(http://www.nl.go.kr/kolisnet)에서 이용하실 수 있습니다. (CIP제어번호 : CIP2019012268)

머리말

수학과 성경의 만남이 가능한가? 특별히 성경 속에서 수학에 관해 쓴 구절을 찾을 수 있을까? 이런 질문들은 누구나 할 수 있는 것이다. 물론 성경은 '하나님의 말씀'을 '사람의 글'로 표현한 것이고, 성경의 목적이 수학을 하는 것이 아니기 때문에 성경 속에서 직접적인 수학을 찾을 수는 없을 것이다. 그러나 성경은 사람이 살아가는 목적과 방향을 일러주는 책이고 사람의 생활 속에는 수학적 활동이 녹아있기 때문에, 성경에는 수학과 관련된 표현들이 자주 나타난다. 그러므로 성경이 수학을 어떻게 다루느냐를 찾아보기 보다는 수학이 성경 속에서 어떻게 사용되고 있는지를 살펴보는 것이 자연스러운 일이다.

수학과 성경의 연관성에 대한 생각을 가지게 된 것은 오래 전 일이다. 처음엔 무한(∞)을 어떻게 이해할 수 있을까하는 데서 시작했다.

어린 시절부터 무한에 대한 장난을 많이 한 기억이 난다. 예를 들면 무한 더하기 무한은 얼마인가? 그것은 2배의 무한인가? 무한에다 0을 곱하면 0인가? 또 무한에서 무한을 빼면 0인가? 즉

$$\infty + \infty = ?$$

$$0 \times \infty = ?$$

$$\infty - \infty = ?$$

더욱이 0이 나타내는 아무 것도 없다는 것은 참 쉬운 개념인데도 불구하고 인류 역사에서 0을 도입하는데 왜 그리 오랜 시간이 걸렸을까? 덧셈이나 곱셈은 왜 두 수의 연산으로부터 시작하는가? 간단한 세 수의 연산을 한 번에 동시에 하지 않고 왜 번거롭게 두 수의 연산을 먼저 계산한 다음 그 결과와 나머지 수의 연산을 수행하는가? 사람은 그렇게도 우둔하고 능력이 없는 존재인가? 그렇게 생각하니 대학원 시절의 선생님께서 "We are finite!"라고 말씀하셨던 것이 기억난다. 이런 의문은 수직선으로 옮겨간다. 실수의 수직선은 위상적으로 폐포(compact)가 아니라서 여러 가지 좋은 수학적 성질이 성립하지 않는데, 무한한 수직선에 무한을 더하면 한 점이 더 많아졌음에도 불구하고 오히려 위상적으로 폐포화 되어 많은 수학적 성질을 보존하게 해준다. 그런 역할을 하는 ∞은 도대체 무엇인가 하는 생각을 하게 되었다.

성경에서 무한한 존재는 하나님(God)이고, 수학에서 무한은 ∞로 표현된다. 사람은 유한한 존재이며, 우리가 사는 세상은 실제의 세상인데 실수를 다 알고 있는 것처럼 사용하고 있다. 그런데 수학에서는 많은 경우 실수 R의 성질을 알아가려고 노력한다. 그런데 실수의 수

직선의 양 끝에 ∞을 가지고 묶으면 마치 유한한 원처럼 되어, 원 위에서의 수학은 많은 좋은 성질을 가지고 있다. 우리의 인생도 그렇지 않을까? 우리가 사는 세상은 실수의 수직선과 같아 실제 생활 속에서는 여러 가지 불가능한 것이 많지만, 무한한 하나님이 더해짐으로 많은 것이 가능해지는 것이 아닐까 하고 생각한다. 물론 이런 설명이 억지스런 데가 있을지 모르지만, 이런 접근이 수학을 통해 하나님을 이해하는 하나의 조각이 되지 않을까?

위와 같은 생각을 한다면 성경 속에서 수학이 어떻게 사용되어지고 있고, 성경은 수학(생각)에 어떤 영향을 끼쳤으며, 수학은 성경을 이해하는 데 어떤 도움을 주는가 하는 것을 다루어 볼 수 있을 것이다. 여기서는 특히 초등수학에 나오는 수학에는 어떤 기본적 수학적 개념이 들어 있는지 알아보고, 그런 개념이 녹아있는 성경을 찾아보고자 한다.

이것을 다루는 방법에는 여러 가지가 있겠으나, 여기서는 수학과 성경의 공통 구조, 자연수의 탄생과 자연수의 연산, 자연수의 확장과 분수의 필요성, 그리고 분수의 연산, 기하와 도형의 측정, 논리에 대한 순서로 다루기로 한다.

사실 이 책을 쓰며 많은 고민을 했다. 특히 성경의 내용을 왜곡하지 않으면서 수학과 연관을 지어 이야기 할 수 있을까를 생각했다. 그러나 많은 동료들의 응원에 힘입어 글을 쓰게 되었다. 이 지면을 통해 감사드린다. 또 기꺼이 출판을 맡아 준 출판사 지오아카데미에 감사를 드린다. 마지막으로 언제나 그러했듯이 긴 작업 시간에도 기다려준 나의 아내 정희와 가족들에게 고마움을 전한다.

목 차

Chapter 01

수학과 성경

01 Chapter
수학과 성경

수학(數學)을 문자 그대로 해석하면 수에 대한 학문입니다. 물론 도형의 합동이나 닮음, 논리와 증명 등과 같이 수와 관련이 없는 듯한 내용도 다루지만, 학교수학의 대부분은 수와 관련지어 다루어집니다. 이러한 의미에서 학교수학의 기본요소는 수라고 말할 수 있습니다. 수학과의 교육과정에서는 수학교과목에 대해서 다음과 같이 말하고 있습니다.

수학 과목은 수학의 개념, 원리, 법칙을 이해하고 기능을 습득하여 주변의 여러 가지 현상을 수학적으로 관찰하고 해석하여 논리적으로 사고하고 합리적으로 문제를 해결하는 능력을 기르는 교과이다. 또 수학은 오랜 역사를 통해 인류 문명 발전의 원동력이 되어 왔으며, 세계화 – 정보화가 가속화되는 미래 사회의 구성원에게 필수적인 역량을 제공한다. 따라서 학생들은 수학 학습을 통해 수학의 규칙성과 구조의 아름다움을 음미할 수 있고, 수학의 지식과 기능을 활용하여 수학문제뿐만 아니라 실생활과 다른 교과의 문제를 창의적으로 해결할 수 있으며, 나아가 세계 공동체의 시민으로서 갖추어야 할 합리적 의사 결정 능력과 민주적 소통 능력을 함양할 수 있다.

이에 따라 초등학교 수학과 교육과정은 크게 '수와 연산', '도형', '측정', '규칙성', '자료와 가능성'의 영역으로 나뉘어져 있습니다. 수와 연산 영역에서는 자연수, 분수, 소수의 개념과 사칙연산을, 도형 영역에서는 평면도형과 입체도형의 개념, 구성요소, 성질과 공간 감각을, 측정 영역에서는 시간, 길이, 들이, 무게, 각도, 넓이, 부피의 측정과 어림을, 규칙성 영역에서는 규칙 찾기, 비, 비례식을, 자료와 가능성 영역에서는 자료의 수집, 분류, 정리, 해석과 사건이 일어날 가능성을 다룹니다.

이에 따라 초등 수학 교육과정의 좀 더 구체적인 목표를 다음과 같이 설정하고 있습니다.

(1) 생활 주변 현상을 수학적으로 관찰하고 표현하는 경험을 통하여 수학의 기초적인 개념, 원리, 법칙을 이해하고 수학의 기능을 습득한다.

(2) 수학적으로 추론하고 의사소통하며, 창의-융합적 사고와 정보 처리 능력을 바탕으로 생활 주변 현상을 수학적으로 이해하고 문제를 합리적이고 창의적으로 해결한다.

(3) 수학 학습의 즐거움을 느끼고 수학의 유용성을 인식하며 수학 학습자로서 바람직한 태도와 실천 능력을 기른다.

초등학교 1학년 수학교과서(계산편) [7]

성경은 하나님의 말씀을 기록한 책으로 하나님이 인간에게 약속한 내용을 담고 있습니다. 이런 이유로 성경은 예수님을 기준으로 예수님 이전의 약속을 <구약(Old Testament)>, 예수님 이후의 약속을 <신약(New Testament)>으로 나뉘어 있습니다. 구약은 모세오경이라 불리는 <창세기>, <출애굽기>, <레위기>, <민수기>, <신명기>를 비롯하여 39권, 신약에는 <마태복음>, <마가복음>, <누가복음>, <요한복음>을 비롯하여 27권으로 되어 있습니다.

처음으로 인쇄된 구텐베르그 성경 [8]

구약에서는 하나님이 이 세상과 인간을 창조하는 과정에서부터 이스라엘 민족을 통한 하나님과 인간 사이에 맺어진 약속에 대하여 말하고 있습니다. 예를 들어 창세기에서 하나님은 모세를 통하여 이스라엘 민족을 이집트의 노예생활에서 구해낼 것을 약속하시고 가나안에서 하나님을 섬길 것을 명령하십니다.

7 여호와께서 이르시되 내가 애굽에 있는 내 백성의 고통을 분명히 보고 그들이
그들의 감독자로 말미암아 부르짖음을 듣고 그 근심을 알고
8 내가 내려가서 그들을 애굽인의 손에서 건져내고 그들을 그 땅에서 인도하여
아름답고 광대한 땅, 젖과 꿀이 흐르는 땅 곧 가나안 족속, 헷 족속, 아모리 족
속, 브리스 족속, 히위 족속, 여부스 족속의 지방에 데려가려 하노라
9 이제 가라 이스라엘 자손의 부르짖음이 내게 달하고 애굽 사람이 그들을 괴롭
히는 학대도 내가 보았으니
10 이제 내가 너를 바로에게 보내어 너에게 내 백성 이스라엘 자손을 애굽에서
인도하여 내게 하리라
11 모세가 하나님께 아뢰되 내가 누구이기에 바로에게 가며 이스라엘 자손을 애
굽에서 인도하여 내리이까
12 하나님이 이르시되 내가 반드시 너와 함께 있으리라 네가 그 백성을 애굽에서
인도하여 낸 후에 너희가 이 산에서 하나님을 섬기리니 이것이 내가 너를 보
낸 증거니라
13 모세가 하나님께 아뢰되 내가 이스라엘 자손에게 가서 이르기를 너희의 조상
의 하나님이 나를 너희에게 보내셨다 하면 그들이 내게 묻기를 그의 이름이
무엇이냐 하리니 내가 무엇이라고 그들에게 말하리이까
14 하나님이 모세에게 이르시되 나는 스스로 있는 자이니라 또 이르시되 너는 이
스라엘 자손에게 이같이 이르기를 스스로 있는 자가 나를 너희에게 보내셨다
하라
15 하나님이 또 모세에게 이르시되 너는 이스라엘 자손에게 이같이 이르기를 너
희 조상의 하나님 여호와 곧 아브라함의 하나님, 이삭의 하나님, 야곱의 하나
님께서 나를 너희에게 보내셨다 하라 이는 나의 영원한 이름이요 대대로 기억
할 나의 칭호니라

(창세기 3:7 – 15)

그러나 이스라엘 백성은 하나님을 잊고 죄를 짓고 세상적으로 힘들게 살아가게 됩니다. 그럼에도 불구하고 하나님은 그들을 불쌍히 여기

고 메시아인 예수를 세상에 보내 죄에서 구원해주실 것을 구약의 <이사야>에서 약속을 합니다.

13 보라 내 종이 형통하리니 받들어 높이 들려서 지극히 존귀하게 되리라
14 전에는 그의 모양이 타인보다 상하였고 그의 모습이 사람들보다 상하였으므로 많은 사람이 그에 대하여 놀랐거니와
15 그가 나라들을 놀라게 할 것이며 왕들은 그로 말미암아 그들의 입을 봉하리니 이는 그들이 아직 그들에게 전파되지 아니한 것을 볼 것이요 아직 듣지 못한 것을 깨달을 것임이라
1 우리가 전한 것을 누가 믿었느냐 여호와의 팔이 누구에게 나타났느냐
2 그는 주 앞에서 자라나기를 연한 순 같고 마른 땅에서 나온 뿌리 같아서 고운 모양도 없고 풍채도 없은즉 우리가 보기에 흠모할 만한 아름다운 것이 없도다
3 그는 멸시를 받아 사람들에게 버림받았으며 간고를 많이 겪었으며 질고를 아는 자라 마치 사람들이 그에게서 얼굴을 가리는 것 같이 멸시를 당하였고 우리도 그를 귀히 여기지 아니 하였도다
4 그는 실로 우리의 질고를 지고 우리의 슬픔을 당하였거늘 우리는 생각하기를 그는 징벌을 받아 하나님께 맞으며 고난을 당한다 하였노라
5 그가 찔림은 우리의 허물 때문이요 그가 상함은 우리의 죄악 때문이라 그가 징계를 받으므로 우리는 평화를 누리고 그가 채찍에 맞으므로 우리는 나음을 받았도다
6 우리는 다 양 같아서 그릇 행하여 각기 제 길로 갔거늘 여호와께서는 우리 모두의 죄악을 그에게 담당시키셨도다
7 그가 곤욕을 당하여 괴로울 때에도 그의 입을 열지 아니하였음이여 마치 도수장으로 끌려가는 어린 양과 털 깎는 자 앞에서 잠잠한 양 같이 그의 입을 열지 아니 하였도다
8 그는 곤욕과 심문을 당하고 끌려갔으나 그 세대 중에 누가 생각하기를 그가 살아 있는 자들의 땅에서 끊어짐은 마땅히 형벌 받을 내 백성의 허물 때문이라 하였으리요

9 그는 강포를 행하지 아니하였고 그의 입에 거짓이 없었으나 그의 무덤이 악인
들과 함께 있었으며 그가 죽은 후에 부자와 함께 있었도다
10 여호와께서 그에게 상함을 받게 하시기를 원하사 질고를 당하게 하셨은 즉 그
의 영혼을 속건 제물로 드리기에 이르면 그가 씨를 보게 되며 그의 날은 길
것이요 또 그의 손으로 여호와께서 기뻐하시는 뜻을 성취하리로다
11 그가 자기 영혼의 수고한 것을 보고 만족하게 여길 것이라 나의 의로운 종이
자기 지식으로 많은 사람을 의롭게 하며 또 그들의 죄악을 친히 담당하리로다
12 그러므로 내가 그에게 존귀한 자와 함께 몫을 받게 하며 강한 자와 함께 탈취
한 것을 나누게 하리니 이는 그가 자기 영혼을 버려 사망에 이르게 하며 범죄
자 중 하나로 헤아림을 받았음이니라 그러나 그가 많은 사람의 죄를 담당하며
범죄자를 위하여 기도하였느니라.

(이사야 52:13-15, 53:1-12)

또 신약성경은 구약성경에서 하나님이 인간과 맺은 언약을 지키기 위한 예수님의 탄생과 복음의 전파, 심판과 영생에 대한 복음을 담고 있습니다. 특별히 <요한복음>에서는 이집트를 탈출한 이스라엘 백성들이 광야에서 치명적인 독사에 물려 죽어갈 때 모세가 든 놋뱀을 쳐다보기만 해도 살았던 것처럼 십자가에 달린 예수를 믿기만 하면 영생을 허락할 것을 다음과 같이 약속합니다.

14 모세가 광야에서 뱀을 든 것 같이 인자도 들려야 하리니
15 이는 그를 믿는 자마다 영생을 얻게 하려 하심이니라
16 하나님이 세상을 이처럼 사랑하사 독생자를 주셨으니 이는 그를 믿는 자마다
멸망하지 않고 영생을 얻게 하려 하심이라
17 하나님이 그 아들을 세상에 보내신 것은 세상을 심판하려 하심이 아니요 그로
말미암아 세상이 구원을 받게 하려 하심이라

18 그를 믿는 자는 심판을 받지 아니하는 것이요 믿지 아니하는 자는 하나님의 독생자의 이름을 믿지 아니하므로 벌써 심판을 받은 것이니라
19 그 정죄는 이것이니 곧 빛이 세상에 왔으되 사람들이 자기 행위가 악하므로 빛보다 어둠을 더 사랑한 것이니라
20 악을 행하는 자마다 빛을 미워하여 빛으로 오지 아니하나니 이는 그 행위가 드러날까 함이요
21 진리를 따르는 자는 빛으로 오나니 이는 그 행위가 하나님 안에서 행한 것임을 나타내려 함이라 하시니라

(요한복음 3:14 – 21)

위와 같이 성경에서는 하나님의 피조물인 모든 사람이 하나님을 믿고 영생을 얻기를 바라며, 성경을 두는 목적을 <디모데 후서>에서 다음과 같이 말하고 있습니다. 이것은 학교교육의 목적이 홍익인간(모든 사람에게 이로운 사람)의 육성에 있는 것과 같습니다.

16 모든 성경은 하나님의 감동으로 된 것으로 교훈과 책망과 바르게 함과 의로 교육하기에 유익하니
17 이는 하나님의 사람으로 온전하게 하며 모든 선한 일을 행할 능력을 갖추게 하려 함이라

(디모데후서 3:16 – 17)

위에서 우리는 수학과 성경에 대하여 교육과정과 성경 말씀을 통해 간략하게 생각해보았습니다. 이제 좀 더 구체적으로 초등학교 수학에는 어떤 것이 담겨져 있고 무엇을 말하려고 하는지, 또 성경에서는 어떤 수학적 내용을 포함하고 있는지 알아보려고 합니다.

Chapter 02

공리와 약속

Chapter 02 공리와 약속

동양이나 서양이나 각 사회마다 나름대로의 물건을 세는 방법을 가지고 있습니다. 우리의 어린 시절을 돌아보면 처음에는 다섯 손가락을 가지고 하나, 둘, 셋, 넷, 다섯하고 세기 시작했을 것입니다. 물론 우리는 하나, 둘, 셋하고 세는 것을 어떻게 익혔는지 기억이 나지 않을 것입니다. 그러나 우리가 우리의 자녀나 학생들에게 세는 것을 가르치는 것을 살펴보면 우리가 어떻게 세기를 익혔는지를 되돌아보아 알 수 있습니다.

물건을 셀 때, 손가락 한 개도 하나이고 사과 한 개도 하나라고 말합니다. 물론 손가락 하나와 사과 하나는 엄연히 다릅니다. 다시 말하면 물건이 다르더라도 개수가 한 개이기만 하면 우리는 하나라는 말을 공통적으로 사용하고 있습니다. 그런데 말은 공중에 흩어져 시간이 지나면 없어지고 맙니다. 따라서 서로 말을 주고받는 사이에는 대화가 되지만, 대화한 내용을 오래 보관하거나 먼 곳에 있는 다른 사람에게 전달하기 위해서는 기호나 글이 필요합니다. 그렇기 때문에 초등학교 국어시간에서는 글을 배우기 시작하고 말을 기록하기 시작합니다. 마찬가지로 수학시간에서도 수학의 글을 배우기 시작합니다. 그런데 글은 일상에서의 내용을 자연스럽게 나타낼 수 있어야 합니다. 그렇다면 물건의 종류와 관계없이 개수만 문자로 나타내는 방법은 없을까요?

초등학교 1학년 수학시간에 처음으로 배우는 수는 물건이 하나, 둘, 셋인 것을 나타내기 위하여 물건의 내용과 상관없이 1, 2, 3입니다. 다시 말하면 1, 2, 3의 수는 구체적인 사물의 개수를 나타내는 것뿐만 아니라, 사물의 종류와 상관없이 모임 속에 속하는 개수를 나타내는 의미로 사용되어지고 있습니다. 이러한 의미에서 1, 2, 3과 같은 수는 아주 어린 시절부터 배운 개수에 대한 구체적인 개념을 처음으로 추상화 또는 일반화해서 나타내는 수학의 기호이며 약속입니다.

일상생활에서 다른 사람과의 약속을 지키는 것은 중요합니다. 그런데 수학에서 약속을 지키는 것은 더욱 중요합니다. 왜냐하면 일상에서는 약속을 미루거나 바꿀 수 있지만, 수학은 약속 위에 세워진 세상과 같아서 만약 약속을 바꾸면 마치 다른 수학의 세계에 사는 것과 같이 되기 때문입니다. 따라서 수학의 약속이 다른 세상에서는 참과 거짓의 기준도 달라질 수 있어 서로 간에 원활한 대화가 되질 않습니다.

토마스 제퍼슨 의회 도서관에 있는 거울과 뱀을 들고 있는 와너(O. L. Warner)의 〈진리의 여신상(1896)〉의 부조 [9]

이런 이유로 때론 아주 간단하지만 핵심적인 개념을 수학에 장치할 필요가 있습니다. 수학에서 이 핵심적이고 기본적인 약속을 우리는 공리(axiom)라고 부릅니다. 공리는 우리가 증명하거나 부정할 수 있는 것이 아니고, 단순히 수학의 세상에서 사실로 받아들이기로 약속한 것입니다. 공리나 정의를 바탕으로 수학의 대상이 참인지 거짓인지 또 어떤 성질을 가지는지 논리적으로 밝혀나가는 것이 수학을 하는 과정입니다.

물건이 하나인 것을 1로 나타내기로 수학에서 약속한 것과 같이, 수학에서의 공리는 마치 기독교에서 하나님이 천지를 창조하였다는 것을 참으로 믿는 것과 같습니다. 다시 말하면 기독교는 다음 신약성경의 <요한복음>의 내용을 참으로 받아들이고 믿는 것과 같습니다.

1 태초에 말씀이 계시니라 이 말씀이 하나님과 함께 계셨으니 이 말씀은 곧 하나님이시니라.
2 그가 태초에 하나님과 함께 계셨고
3 만물이 그로 말미암아 지은 바 되었으니 지은 것이 하나도 그가 없이는 된 것이 없느니라.
4 그 안에 생명이 있었으니 이 생명은 사람들의 빛이라.
5 빛이 어둠에 비치되 어둠이 깨닫지 못하더라.

(요한복음 1:1-5)

하나님은 천지창조의 주인공이므로 우리를 창조한 것도 하나님이라는 것을 믿는 것과 같습니다. 하나님은 그냥 신이 아니며 말씀(로고스, logos)의 하나님이며 생명의 하나님이며 예수님이라는 것입니다. 이것은 우리의 지식이나 논리로 증명되거나 부정될 수 없는 삼위일체 기독교의 신앙입니다.[1] 이와 같은 신앙을 다르게 표현한 기독교의 공리는 다음과 같은 '사도신경'에도 잘 나타나 있습니다.[2] 즉

> 전능하사 천지를 만드신 하나님 아버지를 내가 믿사오며
> 그 외아들 우리 주 예수 그리스도를 믿사오니
> 이는 성령으로 잉태하사 동정녀 마리아에게서 나시고
> 본디오 빌라도에게 고난을 받으사 십자가에 못 박혀 죽으시고
> 장사한 지 사흘 만에 죽은 자 가운데서 다시 살아나시며
> 하늘에 오르사
> 전능하신 하나님 우편에 앉아 계시다가
> 저리로서 산 자와 죽은 자를 심판하러 오시리라
> 성령을 믿사오며
> 거룩한 공회와
> 성도가 서로 교통하는 것과
> 죄를 사하여 주시는 것과
> 몸이 다시 사는 것과
> 영원히 다시 사는 것을 믿사옵니다.

위의 사도신경에서 인간의 눈으로 볼 때 증명될 수 있는 것은 '본디오 빌라도에게 고난을 받으사 십자가에 못 박혀 죽으시고'의 역사적 사실뿐일 것입니다. 나머지는 인간적인 관점에서 볼 때 논리적으로 증명될 수 없는 것입니다. 그렇다고 해서 성경이 틀리다고 말할 수는 없습니다. 1927년 노벨물리학상을 수상한 콤프턴(Compton:1892–1962)은 "과학은 사람이 하나님의 자녀라는 공리 위에 세워진 종교와 다툼의

1) 삼위일체란 성부(Father, God), 성자(Son, Jesus Christ)와 성령(Holy Spirit)이 하나라는 것입니다.
2) 사도신경 또는 사도신조를 Credo(내가 믿습니다)라고 한다.

여지가 전혀 없다."고 하였습니다. 만약 기독교의 신앙적 공리 중에서 어느 하나라도 바뀐다면 지금의 기독교가 아니라 새로운 종교 즉 기독교의 이단이 태어나는 것입니다.

우리는 공리를 바탕으로 논리적으로 수학을 만들어 갑니다. 만약 수학에서 공리가 바뀐다면 기존의 것과는 다른 새로운 수학이 탄생하게 됩니다. 예를 들면 우리가 보통 학교수학에서 다루는 기하는 유클리드 기하인데 유클리드기하의 공리가 바뀌어 비유클리드 기하가 탄생하게 되는 것과 같습니다. 더욱 구체적인 예로 평행한 직선은 유클리드기하에서는 만나지 않지만 비유클리드기하에서는 만나게 됩니다. 이렇게 보면 수학의 구성 방식과 성경의 전개가 나란하다고 생각합니다.

Chapter 03

자연수와 천지창조

03 Chapter 자연수와 천지창조

일상생활에서 친숙하게 사용한 하나, 둘, 셋, 넷, 다섯하고 세는 물건의 개수를 숫자(기호) 1, 2, 3, 4, 5로 나타내는 방법과 이들 수가 가지는 의미를 잘 이해하는 것이 중요합니다. 이들 성질을 이해하기 위하여 학교수학에서는 물건의 종류와 관계없이 개수를 바둑돌 또는 점(●) 등을 이용하여

●을 1
●●을 2
●●●을 2
●●●●을 4
●●●●●을 5

로 나타내었습니다. 이때 1, 2, 3, 4, 5와 같은 수를 자연수(natural number)라 부르기로 합니다. 이제 이러한 자연수가 어떤 성질을 가지고 있는지 알아봅시다.

위에서와 같이 점의 개수를 하나씩 더해 가면, 2는 1 다음에 오는 수, 3은 2 다음에 오는 수, 4는 3 다음에 오는 수, 5는 4 다음에 오는 수라는 것을 알게 됩니다. 즉 자연수가 1로부터 시작하여 하나씩 더하여 다음에 오는 수가 만들어진다는 것입니다. 이런 의미에서 2는 1의 후속자, 3은 2의 후속자, 4는 3의 후속자, 5는 4의 후속자라고 부릅니다.

이러한 과정이 반복되면 무한히 많은 자연수가 만들어 진다는 것을 직관적으로 알 수 있습니다. 이런 의미에서 자연수는 계열성(sequential property)을 가진다는 것을 알 수 있습니다. 특히 자연수의 계열성은 어떤 사실이 모든 경우에 대하여 성립하는지 아닌지를 밝혀주는 수학적 귀납법(mathematical induction)의 원리가 되기도 합니다. 자연수의 계열성을 이용하여, 두 수의 크기를 비교할 수도 있습니다. 그리고 비교하는 행동은 두 자연수의 관계를 알아보는 것이며 측정(measurement)의 중심 개념입니다.

한편 위에서 점(●)은 참새일 수도 있고, 다람쥐나 장미꽃, 컴퓨터, 자전거를 나타내는 것일 수도 있습니다. 그래서

참새 한 마리를 1
다람쥐 두 마리를 2
장미꽃 세 송이를 2
컴퓨터 네 대를 4
자전거 다섯 대를 5

로 나타내는 학습을 하게 됩니다.[3] 이러한 활동으로부터 1, 2, 3, 4, 5는 물건의 종류와 관계없이 물건의 개수에 따라 결정된다는 것을 알게 됩니다. 즉 1, 2, 3, 4, 5는 특정한 물건의 개수를 나타내는 의미를 넘어 집합(모임)의 원소의 개수를 나타내는 기수(cardinal number)로서의 의미를 갖는다는 것입니다. 이 개념은 후에 집합을 이용하여 자연수를 도입하는 밑거름이 됩니다.

---

3) 초등학교 1학년에서 자연수의 도입을 1, 2, 3, 4, 5까지 먼저 하는 이유는 우리의 한 손의 손가락이 5개임을 이용하여 자연스레 전개할 수 있기 때문이다.

우리의 일상생활 속에서는 물건의 개수를 세는 것 외에도 차례를 기다리는 줄서기나 한 줄로 늘어서는 순서를 '첫째, 둘째, 셋째, 넷째, 다섯째, 여섯째, 일곱째' 등으로 말합니다. 이러한 순서에 대한 것을 성경의 <창세기> 1장과 2장을 통해서 찾아볼 수 있는데, 여기에는 하나님이 천지를 만드시는 전체 과정과 구체적 순서, 우주의 근원, 그리고 하나님이 전지전능한 존재라는 것을 영화의 한 장면과 같이 생생하게 기록되어 있습니다.

1 태초에 하나님이 천지를 창조하시니라.
2 땅이 혼돈하고 공허하며 흑암이 깊음 위에 있고 하나님의 신은 온 수면에 운행하시니라.
3 하나님이 가라사대 빛이 있으라 하시매 빛이 있었고
4 그 빛이 하나님의 보시기에 좋았더라. 하나님이 빛과 어두움을 나누사
5 빛을 낮이라 칭하시고 어두움을 밤이라 칭하시니라. 저녁이 되며 아침이 되니 이는 첫째 날이니라.
6 하나님이 가라사대 물 가운데 궁창이 있어 물과 물로 나뉘게 하리라 하시고
7 하나님이 궁창을 만드사 궁창 아래의 물과 궁창 위의 물로 나뉘게 하시매 그대로 되니라.
8 하나님이 궁창을 하늘이라 칭하시니라 저녁이 되며 아침이 되니 이는 둘째 날이니라.
9 하나님이 가라사대 천하의 물이 한 곳으로 모이고 물이 드러나라 하시매 그대로 되니라
10 하나님이 뭍을 땅이라 칭하시고 모인 물을 바다라 칭하시니라 하나님의 보시기에 좋았더라.
11 하나님이 가라사대 땅은 풀과 씨 맺는 채소와 각기 종류대로 씨 가진 열매 맺는 과목을 내라 하시매 그대로 되니라
12 땅이 풀과 각기 종류대로 씨 맺는 채소와 각기 종류대로 씨 가진 열매 맺는

나무를 내니 하나님의 보시기에 좋았더라.
13 저녁이 되며 아침이 되니 이는 셋째 날이니라.
14 하나님이 가라사대 하늘의 궁창에 광명이 있어 주야를 나뉘게 하라 또 그 광
명으로 하여 징조와 사시와 일자와 연한이 이루라
15 또 그 광명이 하늘의 궁창에 있어 땅에 비취라 하시고 (그대로 되니라)
16 하나님이 두 큰 광명을 만드사 큰 광명으로 낮을 주관하게 하시고 작은 광명
으로 밤을 주관하게 하시며 또 별들을 만드시고
17 하나님이 그것들을 하늘의 궁창에 두어 땅에 비취게 하시며
18 주야를 주관하게 하시며 빛과 어두움을 나뉘게 하시니라 하나님의 보시기에
좋았더라.
19 저녁이 되며 아침이 되니 이는 넷째 날이니라.
20 하나님이 가라사대 물들은 생물로 번성케 하라 땅 위 하늘의 궁창에는 새가
날으라 하시고
21 하나님이 큰 물고기와 물에서 번성하여 움직이는 모든 생물을 그 종류대로 창
조하시니 하나님의 보시기에 좋았더라.
22 하나님이 그들에게 복을 주어 가라사대 생육하고 번성하여 여러 바다 물에 충
만하라 새들도 땅에 번성하라 하시니라
23 저녁이 되며 아침이 되니 이는 다섯째 날이니라.
24 하나님이 가라사대 땅은 생물을 그 종류대로 내되 육축과 기는 것과 땅의 짐
승을 종류대로 내라 하시고 (그대로 되니라)
25 하나님이 땅의 짐승을 그 종류대로, 육축을 그 종류대로, 땅에 기는 모든 것
을 그 종류대로 만드시니 하나님의 보시기에 좋았더라.
26 하나님이 가라사대 우리의 형상을 따라 우리의 모양대로 우리가 사람을 만들
고 그로 바다의 고기와 공중의 새와 육축과 온 땅과 땅에 기는 모든 것을 다
스리게 하자 하시고
27 하나님이 자기 형상 곧 하나님의 형상대로 사람을 창조하시되 남자와 여자를
창조하시고
28 하나님이 그들에게 복을 주시며 그들에게 이르시되 생육하고 번성하여 땅에
충만하라. 땅을 정복하라. 바다의 고기와 공중의 새와 땅에 움직이는 모든 생

물을 다스리라 하시니라
29 하나님이 가라사대 내가 온 지면의 씨 맺는 모든 채소와 씨 가진 열매 맺는
모든 나무를 너희에게 주노니 너희 식물이 되리라
30 또 땅의 모든 짐승과 공중의 모든 새와 생명이 있어 땅에 기는 모든 것에게는
내가 모든 푸른 풀을 식물로 주노라 하시니 그대로 되니라
31 하나님이 그 지으신 모든 것을 보시니 보시기에 심히 좋았더라. 저녁이 되며
아침이 되니 이는 여섯째 날이니라.
1 천지와 만물이 다 이루니라.
2 하나님의 지으시던 일이 일곱째 날이 이를 때에 마치니 그 지으시던 일이 다하
므로 일곱째 날에 안식하시니라.
3 하나님이 일곱째 날을 복을 주사 거룩하셨으니 이는 하나님이 그 창조하시며
만드시던 모든 일을 마치시고 이날에 안식하셨음이더라.

(창세기 1:1-31, 2:1-3)

바티칸 시스티나 성당의 천정에 그려진
미켈란젤로의 〈천지창조(1508-1512)〉 [10]

위의 성경에 나타난 하나님의 창조과정을 요약하면

첫째 날에 낮(빛)과 밤(어둠)을 만드시고

둘째 날에 하늘과 물을 만드시고

셋째 날에 땅과 바다와 식물을 만드시고

넷째 날에 해와 달을 만드시고

다섯째 날에 동물을 만드시고
여섯째 날에 사람을 만드시고
일곱째 날에 모든 일을 마치시고 쉬었다

입니다. 이때 첫째, 둘째, 셋째, 넷째, 다섯째, 다섯째, 여섯째, 일곱째 등도 각각 1, 2, 3, 4, 5, 6, 7로 나타내기로 약속합시다. 이와 같이 하면 자연수 1, 2, 3, 4, 5, 6, 7은 하나, 둘, 셋, 넷, 다섯, 여섯, 일곱의 세기를 나타내는 의미 외에도 첫째, 둘째, 셋째, 넷째, 다섯째, 여섯째, 일곱째의 순서를 나타내는 뜻도 내포하고 있습니다. 이것은 자연수가 순서를 나타내는 기호로써 사용된다는 것을 의미합니다. 즉 자연수는 순서수(ordinary number)의 성질을 가집니다.

Chapter 04

수학자의 자연수와 자유의지

04 수학자의 자연수와 자유의지

Chapter

지금까지 우리는 자연수가 가지는 성질들을 직관적으로 간단히 알아보았습니다. 자연수를 1, 2, 3, 4, 5라고 나타낼 때, 이들이 단순히 개수를 세는 수나 순서를 나타내는 것 외에도 다른 뜻을 가지고 있을 것 같습니다. 우리는 자연수가 또 다른 무엇을 의미하는지, 몇 개나 있는지, 어떤 성질을 가지고 있는지, 이들 사이의 관계는 무엇인지 하는 물음을 가질 것입니다.

이런 질문에 대한 답을 정교하게 논리적으로 찾아가는 과정이 수학의 여정을 떠나는 첫걸음이 될 것입니다. 다시 말하면 수학에서는 우리가 경험으로 얻은 사실들을 종합하여 일반적이고도 새로운 것을 만들어 갑니다. 이러한 과정을 훈련하는 것이 수학교육에서는 중요합니다. 때로는 우리의 노력이 늘 성공적이지 않더라도 말입니다. 만약 실패한다면 이런 과정 중에 무엇이 문제일까하고 스스로 질문을 던져보고, 문제가 있는 부분을 수정하여 새롭게 만들어 가면 됩니다.

스스로 질문하고 답하는 과정은 어쩌면 우리 인간들에게는 지극히 본능적일 수도 있습니다. 이것을 성경의 <창세기> 3장에서 다음과 같이 기록하고 있습니다.

1 그런데 뱀은 여호와 하나님이 지으신 들짐승 중에 가장 간교하니라 뱀이 여자에게 물어 이르되 하나님이 참으로 너희에게 동산 모든 나무의 열매를 먹지 말라 하시더냐
2 여자가 뱀에게 말하되 동산 나무의 열매를 우리가 먹을 수 있으나
3 동산 중앙에 있는 나무의 열매는 하나님의 말씀에 너희는 먹지도 말고 만지지도 말라 너희가 죽을까 하노라 하셨느니라.
4 뱀이 여자에게 이르되 너희가 결코 죽지 아니하리라
5 너희가 그것을 먹는 날에는 너희 눈이 밝아져 하나님과 같이 되어 선악을 알 줄 하나님이 아심이니라
6 여자가 그 나무를 본즉 먹음직도 하고 보암직도 하고 지혜롭게 할 만큼 탐스럽기도 한 나무인지라 여자가 그 열매를 따먹고 자기와 함께 있는 남편에게도 주매 그도 먹은지라
7 이에 그들의 눈이 밝아져 자기들이 벗은 줄을 알고 무화과나무 잎을 엮어 치마로 삼았더라.

(창세기 3:1-7)

마드리드 프라도 미술관에 소장된 뱀의 꼬임에 선악과를 먹는 장면을 묘사한 루벤스의 〈아담과 이브의 몰락(1628–1629)〉 [11]

위의 성경 내용은 우리가 잘 알고 있는 것입니다. <창세기> 2장에서 하나님은 아담에게 선악을 알게 하는 나무의 실과는 먹지 말라 하시고, 먹는 날에는 정녕 죽으리라 말씀하셨습니다.

15 여호와 하나님이 그 사람을 이끌어 에덴동산에 두어 그것을 경작하며 지키게
하시고
16 여호와 하나님이 그 사람에게 명하여 이르시되 동산 각종 나무의 열매는 네가
임의로 먹되
17 선악을 알게 하는 나무의 열매는 먹지 말라 네가 먹는 날에는 반드시 죽으리
라 하시니라

(창세기 2:15 – 17)

그러나 하나님과 같은 형상으로 지어진 아담과 하와가 뱀의 꼬임으로 '진리'인 하나님의 말씀을 '의심'하면서, 하나님과 같게 되고자하는 욕심으로 죄를 짓는 장면입니다. 아담과 하와는 하나님의 명령을 어겨가면서까지 하나님으로부터 완전히 독립하여 '자유'를 얻고자 하였으나 그 결과는 부끄러운 부자유뿐이었습니다.

수학에서도 자유를 추구합니다. 그러나 우리가 지금까지 다룬 수는 직접 세거나 순서를 분명하게 정할 수 있는 범위의 유한한 경우에만 한정됩니다. 이 경우에는 우리가 다룰 수 있는 수학적 대상이 제한적입니다. 예를 들면 어떤 모임(집합)의 구성원(원소)의 수가 얼마일까 하는 질문에 대한 답이 아직은 분명하지 않습니다. 왜냐하면 집합의 원소가 유한한 경우에는 하나하나 셀 수 있지만 무한히 많은 경우에는 모든 원소를 하나하나 직접 다 세어볼 수가 없기 때문입니다.

우리는 우리가 지금까지 가지고 있는 자연수에 대한 성질들을 보존하면서도, 이런 복잡한 질문에 대하여 분명한 대답을 하고 싶습니다. 그러기 위해서 수학자들은 아주 간단하지만 때론 검증할 수 없이 받아들일 수밖에 없는 핵심적인 개념을 수학에 장치합니다. 이러한 핵심 장치(개념)를 수학에서는 공리라고 불렀습니다.

이제 우리가 경험으로 알고 있는 수의 성질을 모두 가지는 완벽한 자연수의 집합을 찾아봅시다. 먼저 개수를 세는 수의 성질을 만족하는 수의 체계를 생각해봅시다. 세는 수로서의 자연수에서 2는 1다음에 오는 수이고, 3은 2 다음에 오는 수이었으므로, 이것을 기호를 사용하여

$$1^{+} = 2, \quad 2^{+} = 3$$

과 같이 나타내기로 약속합시다. 이런 과정을 되풀이하여 자연수 n 다음에 오는 수 $n+1$을

$$n^{+} = n+1$$

과 같이 나타낼 수 있을 것입니다. 즉 어떤 자연수 n이 있으면 그 다음의 자연수(후속자)가 있어야 한다는 것입니다. 이것을 다음과 같이 멋있게 간단히 나타낼 수 있습니다.

(자연수의 공리 I)

자연수의 집합을 $\boldsymbol{N}$이라 하면, 자연수 n에 대하여 다음의 수 n^{+}가 $\boldsymbol{N}$ 안에 존재한다.

그런데 위와 같은 과정을 계속하려면, 우리가 하나, 둘, 셋하고 세기를 처음 시작했을 때와 같이 이런 과정을 시작하는 첫 번째 수가 있어야 합니다. 우리는 이 첫 수를 1이라 부르기로 합니다. 이것을 만족하는 자연수의 공리를 다음과 같이 정리해 볼 수 있을 것입니다.

(자연수의 공리 2)

집합 $\boldsymbol{N}$은 가장 작은 1을 포함하고 있다.

다시 말하면, 자연수의 공리 1에 의하여 자연수의 체계에서 자연수 n 다음의 수(후속자)인 $n^{+}=n+1$은 다시 자연수이어야 한다는 것입니다. 또 자연수의 공리 2에 의하면, 1이 가장 작은 자연수이므로 1이 후속자가 되게 하는 자연수는 없다는 것입니다.

그런데 위의 두 공리는 자연수를 만드는 좋은 출발이기는 하지만 완벽한 것 같지는 않습니다. 예를 들어 화살표 다음의 수가 앞의 수의 후속자가 되는 시계산수를 생각해보면

$$1 \to 2 \to 3 \to \cdots \to 11 \to 12 \to 1$$

이므로, 1이 12의 후속자가 되는 순환 과정을 보여 줍니다. 즉

$$12^{+}=1$$

입니다. 그런데 이것은 1이 가장 작은 자연수라는 자연수의 공리 2에 모순이 됩니다. 이러한 모순이 생기지 않도록 하려면 자연수의 체계에 다음과 같은 공리가 더 필요하게 됩니다.

(자연수의 공리 3)

두 자연수가 다르면 그들의 후속자도 다르다.

예를 들면 $2 \neq 3$이므로, 2와 3의 후속자인 2^+와 3^+에 대하여 $3 = 2^+ \neq 3^+ = 4$이라는 것입니다. 이탈리아의 수학자의 이름을 딴 '페아노(Peano:1858–1932)의 공리'라고 부르는 위 자연수의 공리 3은 우리가 경험적으로 세는 과정을 1부터 시작하여 반복됨이 없이 셈을 할 수 있도록 멋지게 정의해 줍니다.

쥬세페 페아노의 초상 [12]

그렇다면 자연수의 공리 1 – 3만을 가지고 1부터 시작하여 모든 자연수를 다 만들 수 있을까요? 우리는 자연수의 공리 1 – 3을 가지고 우리가 생각하고 있는 자연수의 체계와는 다른 수의 체계를 만들 수도 있습니다. 아니, 이게 무슨 말인가요? 예를 들어 홀수의 집합을 생각해 봅시다. 홀수의 집합은 1을 포함하고 있으므로, 홀수의 집합은 자연수의 공리 2를 만족합니다. 또 만약 홀수 n의 후속자를

$$n^{+}=n+2$$

로 정의하면, $n+2$는 다시 홀수가 되므로 홀수의 집합은 모든 홀수의 후속자를 포함하게 됩니다. 따라서 홀수의 집합은 자연수의 공리 1을 만족합니다. 더욱이 두 홀수가 다르면 그들의 후속자도 서로 다릅니다. 예를 들면

$$3 \neq 5\text{이고 } 5=3^{+} \neq 5^{+}=7$$

입니다. 따라서 홀수의 집합은 자연수의 공리 3도 만족합니다. 그러므로 홀수의 집합은 자연수의 집합보다는 작은 집합이면서도 자연수의 공리 1 – 3을 모두 만족하는 집합입니다. 그러나 홀수의 집합은 모든 셈수를 모두 포함하고 있지는 않아 우리가 만들려고 하는 자연수의 집합과는 다른 수의 체계입니다.

그러니까 자연수의 공리 1 – 3만 가지고서는 우리가 경험으로 알고 있는 자연수의 체계를 구성하는 데에는 조금 부족함이 있다는 것입니다. 따라서 우리가 원하는 자연수의 체계를 구성하기 위해서는 다음과 같은 공리가 하나 더 필요한데, 우리는 자연수의 집합 $\boldsymbol{N}$이 위의 공리 1 – 3을 모두 만족하는 가장 작은 수의 집합이 되기를 바랍니다. 다시 말하면 홀수의 집합과 같이 자연수의 집합보다 작은 집합이면서 자연

수의 공리 1 – 3을 만족하는 집합은 없다는 조건을 첨가하는 것입니다.

(자연수의 공리 4)

집합 S가 1을 포함하는 N의 부분집합이라 하자.[4] 만약 S가 자신의 원소의 모든 후속자를 포함하면 사실 $S=N$이다.

많은 연구와 고심 끝에 수학자들은 위의 자연수의 공리 1 – 4를 만족하는 집합 N이 우리가 경험으로 알고 있는 셈수로서 가장 작지만 깔끔한 자연수의 집합이라는 것을 알게 되었습니다. 자연수가 그저 간단한 셈수로만 알았는데, 우리의 직관적 생각을 자연스럽게 모두 만족하는 자연수의 체계를 알아보는 것이 쉽지만은 않았네요. 그러나 의심하고 수정하는 꼼꼼한 과정을 거쳐 완벽한 자연수의 체계를 완성할 수 있었습니다. 기쁘지요? 이제 하나님이 여섯째 날에 사람을 만드시고 심히 기뻐하시고, 일곱째 날에 일을 마치시고 쉬신 것처럼 수학자들도 안심하고 자연수를 자연스럽게 다룰 수 있는 자유를 얻게 되었습니다.

---

4) 집합 S가 집합 N의 부분집합이라는 뜻은 $S \subseteq N$을 의미한다.

Chapter 05

도미노와 무한

Chapter 05 도미노와 무한

앞에서 우리는 자연수의 공리 1 – 4를 통해서 경험적으로 알고 있는 자연수를 명확히 표현하였습니다. 그 중에서도 자연수의 공리 4를 수학적 귀납법(mathematical induction)이라 부릅니다.

(자연수의 공리 4)

집합 S가 1을 포함하는 N의 부분집합이라 하자. 만약 S가 자신의 원소의 모든 후속자를 포함하면 사실 $S=N$이다.

수학적 귀납법은 우리가 하나하나 대입하여 확인할 수 없는 무한히 많은 경우일지라도 수학적 사고를 통하여 참임을 증명할 수 있는 중요한 도구입니다. 다시 말하면 유한한 인간이지만 무한한 것을 다룰 수 있는 계기를 마련해 주는 공리입니다.

무한히 많은 도미노가 첫 번째 도미노가 넘어지면 두 번째 도미노가 넘어지고, k 번째 도미노가 넘어지면 $k+1$ 번째 도미노가 넘어지도록 놓여 있다고 합시다. 그러면 우리는 첫 번째 도미노를 넘어뜨릴

때 모든 도미노가 넘어질 것이라는 것을 알고 있습니다. 그러나 우리는 모든 도미노가 쓰러지는 것을 눈으로 확인할 수는 없습니다. 왜냐하면 무한히 많은 도미노가 쓰러지는 것을 기다릴 시간이 없기 때문입니다.

처음의 도미노가 쓰러지면 모든 도미노가
쓰러지도록 놓여 있는 도미노 [13]

수학적 귀납법은 마치 처음 도미노가 쓰러진 다음 그 다음의 것이 계속하여 쓰러지도록 놓였을 때, 모든 도미노가 쓰러지는 것을 눈으로 확인하지 않더라도 모든 도미노가 쓰러진다는 것을 믿는 것과 같은 것입니다. 다시 말해 수학적 귀납법은 우리가 증명하려고 하는 수학적 문제 즉 명제 $p(n)$에 대하여

(i) $n=1$일 때 명제 $p(1)$이 성립하고

(ii) 자연수 k에 대하여 $p(k)$가 성립한다고 가정할 때, $p(k+1)$이 성립하면

(iii) 모든 자연수 n에 대하여 $p(n)$이 성립한다.

는 것입니다.

예를 들어 독일의 수학자 가우스(Gauss:1777–1855)가 어릴 적에

$$1 + 2 + 3 + \ldots + 100 = 5050$$

이라는 것을 알아내어 선생님을 깜짝 놀라게 했다는 일화가 있습니다. 이것은 알고 보면

$$S = 1 + 2 + 3 + \ldots + 100$$

$$S = 100 + 99 + 98 + \ldots + 1$$

이므로, 변끼리 더하면

$$2S = (1+100)+(2+99)+\cdots+(100+1) = 100\times 101$$

입니다. 따라서

$$S=1+2+3+\cdots+100=\frac{100}{2}\times 101=5050$$

입니다. 이 생각을 1부터 어떤 특정한 자연수 n까지의 합에 똑같이 적용하면

$$S=1+2+3+\cdots+(n-1)+n$$

$$S=n+(n-1)+\cdots+3+2+1$$

이므로

$$2S=n(n+1)$$

이 됩니다. 그러므로

$$S=\frac{n(n+1)}{2}$$

이라는 것을 알 수 있습니다.

가우스의 초상 [14]

그런데 문제는 이 관계식이 어느 특정한 자연수 n에 대하여 뿐만 아니라 모든 자연수 n에 대해서도 성립하느냐하는 것입니다. 당연한 것 같지만 그런지 그렇지 않은지는 검증해보아야 한다는 것입니다. 문제는 모든 자연수 n에 대하여 하나하나 대입해가면서 모두 검증할 수는 없다는 것입니다. 이렇게 하려면 영원한 시간과 수고가 필요한데 <창세기> 3장에 따르면 아담과 하와가 에덴동산에서 쫓겨난 이후 우리의 생명은 유한하게 되었기 때문입니다.

16 또 여자에게 이르시되 내가 네게 임신하는 고통을 크게 더하리니 네가 수고하고 자식을 낳을 것이며 너는 남편을 원하고 남편은 너를 다스릴 것이니라 하시고

17 아담에게 이르시되 네가 네 아내의 말을 듣고 내가 네게 먹지 말라 한 나무의

열매를 먹었은즉 땅은 너로 말미암아 저주를 받고 너는 네 평생에 수고하여야
그 소산을 먹으리라
18 땅이 네게 가시덤불과 엉겅퀴를 낼 것이라 네가 먹을 것은 밭의 채소인즉
19 네가 흙으로 돌아갈 때까지 얼굴에 땀을 흘려야 먹을 것을 먹으리니 네가 그
것에서 취함을 입었음이라 너는 흙이니 흙으로 돌아갈 것이니라 하시니라
20 아담이 그의 아내의 이름을 하와라 불렀으니 그는 모든 산 자의 어머니가 됨
이더라
21 여호와 하나님이 아담과 그의 아내를 위하여 가죽옷을 지어 입히시니라
22 여호와 하나님이 이르시되 보라 이 사람이 선악을 아는 일에 우리 중 하나 같
이 되었으니 그가 그의 손을 들어 생명나무 열매도 따먹고 영생할까 하노라
하시고
23 여호와 하나님이 에덴동산에서 그를 내보내어 그의 근원이 된 땅을 갈게 하시
니라
24 이같이 하나님이 그 사람을 쫓아내시고 에덴동산 동쪽에 그룹들과 두루 도는
불 칼을 두어 생명나무의 길을 지키게 하시니라

(창세기 3: 16 – 24)

선악과를 따먹고
〈에덴에서 추방당하는 아담과 이브〉(티소(1836-1902)의 작품) [15]

그러나 수학적 귀납법을 이용하여, 모든 자연수 n에 대하여

$$1+2+3+\cdots+n=\frac{n(n+1)}{2}$$

라는 것을 다음과 같이 증명할 수 있습니다.

먼저 $n=1$일 때,

$$1=\frac{1\times(1+1)}{2}=\frac{1\times2}{2}=1$$

이 되어 $1=\frac{1(1+1)}{2}$이 성립한다는 것을 확인합니다. 그 다음으로 $n=k$일 때

$$1+2+\cdots+k=\frac{k(k+1)}{2}$$

가 성립한다고 가정합니다. 그러면 $n=k+1$인 경우

$$1+2+\cdots+k+(k+1)=\frac{k(k+1)}{2}+k+1=\frac{(k+1)(k+2)}{2}$$

이 성립합니다. 따라서 수학적 귀납법에 의하여 모든 자연수 n에 대하여

$$1+2+\cdots+n=\frac{n(n+1)}{2}$$

가 성립한다고 말할 수 있습니다.

이와 같이 수학적 귀납법은 유한한 인간이 자연수와 얽힌 명제를 하나하나 확인하지 않더라도, 무한히 많은 모든 자연수에 대해 성립한다는 것을 밝혀주는 중요한 원리가 됩니다.

Chapter 06

영과 하나님의 자연수 만들기

Chapter 06

영과 하나님의 자연수 만들기

우리는 하나, 둘, 셋, 넷, 다섯하고 하나씩 더해 가면서 물건의 개수를 세는 경험과 '자연스럽게' 일치하도록 자연수를 만들어 내었습니다. 그런데 이 과정을 거꾸로 세어 가면 어떻게 될까요? 예를 들어 바둑돌 다섯 개가 있을 때 하나씩 버리면서 없애 가면, 바둑돌은 차례로

●●●●●	5
●●●●	4
●●●	3
●●	2
●	1

이 됩니다. 이제 마지막으로 하나 남은 바둑돌을 없애면 바둑돌이 하나도 남게 되지 않게 됩니다. 이때 아무 것도 없다는 것을 어떻게 나타낼까요? 우리는 하나도 없는 것을 0으로 나타내기로 초등학교 1학년에서 배웁니다.[5)]

그런데 자연수 1, 2, 3, 4, 5는 단순히 어떤 특정한 모임의 개수를 나타내는 것뿐만 아니라, 모임의 종류와 관계없이 그 집합에 속한 원

---

5) 0의 기호는 600년경에 인도에서 발견됩니다.

소의 개수를 나타내는 수라고 하였습니다. 이런 의미에서 본다면 0은 원소가 하나도 없는 집합의 원소의 개수를 나타내는 기호로 사용하는 것이 마땅합니다.[6)]

자연수가 이러한 의미를 갖도록, 독일의 수학자 데데킨트(Dedekind:1831–1916)는 1888년에 집합론의 기본원리에 의하여 자연수를

0을 공집합 $\varnothing$,

1을 집합 $\{\varnothing\}$,

2를 집합 $\{0,\ 1\}$,

3을 집합 $\{0,\ 1,\ 2\}$,

....

n을 집합 $\{0,\ 1,\ 2,\ \ldots\ ,\ n-1\}$

과 같이 정의하였습니다. 즉 이것을 후속자 기호를 사용하여 나타내면

$$1=0^{+}$$

$$2=1^{+}$$

$$3=2^{+}$$

....

$$n=(n-1)^{+}$$

가 됩니다.

6) 원소가 하나도 없는 집합을 공집합(empty set)이라고 부릅니다.

데데킨트의 초상 [16]

이렇게 0을 정의하고 앞에서 우리가 만든 자연수의 체계에서 가장 작은 수를 1 대신 0으로 대체하면, 자연수의 공리 1 – 4를 만족하는 새로운 수의 체계가 탄생하게 됩니다. 이러한 수를 전수(whole number)라고 부릅니다. 전수는 어떻게 보면 수의 전체라는 뜻을 가지고 있습니다. 다시 말해 자연수의 집합을 $N=\{1,\ 2,\ 3,\cdots\}$라고 나타낼 때, 전수의 집합 {0, 1, 2, 3, ... } = $\boldsymbol{N} \cup \{0\}$이므로 전수는 모든 자연수를 포함하고 있습니다.

우리가 자연수를 처음 만들 때는 원소가 하나 '있는 것'을 가지고 만들었습니다. 사실 사람은 아무것도 없는 것을 가지고 무엇인가를 만들어 낼 수 없습니다. 그러나 하나님은 천지 모든 만물을 만드시되 '아무 것도 없는 것'으로부터 만드셨습니다. 신약 성경의 <요한복음>에서는 이 사실을 다음과 같이 말하고 있습니다.

3 만물이 그로 말미암아 지은 바 되었으니 지은 것이 하나도 그가 없이는 된 것
이 없느니라.

(요한복음 1:3)

이것을 구약성경 <창세기>를 통하여 다시 한 번 확인하면 다음과 같습니다.

1 태초에 하나님이 천지를 창조하시니라.
2 땅이 혼돈하고 공허하며 흑암이 깊음 위에 있고 하나님의 신은 온 수면에 운행
하시니라.

(창세기 1:1 – 2)

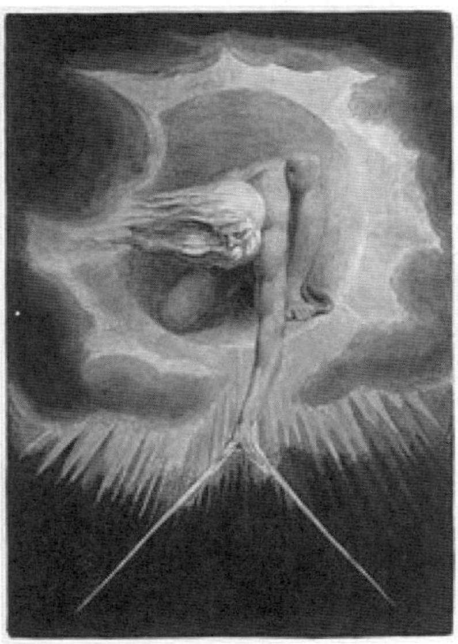

윌리암 블레이크의 천지창조를 그린 〈태초((1794)〉 [17]

여기서 '공허하다'는 것은 아무 것도 없이 비어 있는 상태를 의미합

니다. 이와 같은 하나님의 창조는 질서가 없는 혼돈 속에서 아무 것도 없는 것으로부터 질서를 세워 나가고 있습니다. 이것은 나중에 데데킨트가 자연수의 집합에 공집합을 나타내는 0을 첨가하여 전수를 만든 과정과 같습니다. 이렇게 전수가 만들어짐으로서 수학자들은 더 많은 아름다운 수학적 결과물을 만들 수 있게 되었습니다. 이런 이유로 독일의 수학자 크로네커(Kronecker:1823–1891)는 "신은 자연수를 만들었고 나머지 수는 인간이 만들었다."고 고백했는지도 모르겠습니다. 물론 크로네커의 입장에서 신은 하나님일 겁니다.

크로네커의 초상 [18]

Chapter 07

자연수의 덧셈과 이스라엘 족속

07 Chapter 자연수의 덧셈과 이스라엘 족속

처음에 우리는 구체적인 물건의 개수를 하나, 둘, 셋하고 세었습니다. 그러나 다른 물건의 개수도 하나, 둘, 셋하고 센다는 것을 발견하였습니다. 그래서 하나, 둘, 셋은 물건의 종류와는 관계없이 오로지 개수만을 나타내는 말이라는 것을 깨닫게 됩니다. 이런 경험을 바탕으로 우리는 하나, 둘, 셋을 추상화하고 기호화하여 자연수 1, 2, 3으로 나타내기로 하였습니다. 그리고 이렇게 만들어진 자연수가 어떤 성질을 가지고 있는지도 알아보았습니다. 특별히 세기에 사용되는 자연수는 후속자를 이용하여 만들어졌으므로, 자연수는 순서의 의미도 담고 있다는 것도 알고 있습니다. 실제로 우리는 모둠에 있는 개체를 세거나 순서를 정할 때 자연수를 자주 사용합니다.

모둠에 속한 원소를 하나하나 세어 가면 모둠에 속한 개수를 알아낼 수가 있습니다. 모둠에 속한 원소의 개수가 작은 경우에는 그렇게 하나하나 셀 수 있습니다. 그런데 아주 큰 여러 개의 모둠이 있는 경우에는 각 모둠에 속한 개체를 하나하나 세어 전체의 수를 파악하기란 쉽지 않습니다. 불가능하지는 않지만 많은 시간이 걸립니다.

예를 들어 대한민국에 사는 사람의 수를 알아보려고 할 때, 먼저 제주도에 사는 사람을 센 다음, 전라도, 경상도, 충청도, 강원도, 경기도의 인구를 세고 광역시와 특별시의 인구를 하나하나 세어 나가면 많은 시간이 걸립니다. 그러는 사이 많은 시간이 흘러 새로운 생명이 태어나기도하고 죽기도하여 인구의 변화가 있을 수도 있겠지요? 그렇다면 어떻게 시간을 줄여 빨리 셀 수 있을까요? 각 지역의 인구를 거의 동시에 센 다음 모두 '더하면' 전체의 인구가 되지 않을까요? 그렇게 하면 하나하나 세는 불편함도 없고 시간도 많이 절약할 수 있을 것입니다. 이러한 과정을 거쳐 인구를 계산한 것을 다음과 같이 구약성경 <민수기>에서도 찾아볼 수 있습니다.

17 모세와 아론이 지명된 이 사람들을 데리고
18 둘째 달 첫째 날에 온 회중을 모으니 그들이 각 종족과 조상의 가문에 따라 이십 세 이상인 남자의 이름을 자기 계통별로 신고하매
19 여호와께서 모세에게 명령하신 대로 그가 시내 광야에서 그들을 계수 하였더라
20 이스라엘의 장자 르우벤의 아들들에게서 난 자를 그들의 종족과 조상의 가문에 따라 이십 세 이상으로 싸움에 나갈 만한 각 남자를 그 명수대로 다 계수하니
21 르우벤 지파에서 계수된 자는 사만 육천오백 명 이었더라
22 시므온의 아들들에게서 난 자를 그들의 종족과 조상의 가문에 따라 이십 세 이상으로 싸움에 나갈 만한 각 남자를 그 명수대로 다 계수하니
23 시므온 지파에서 계수된 자는 오만 구천삼백 명 이었더라
24 갓의 아들들에게서 난 자를 그들의 종족과 조상의 가문에 따라 이십 세 이상으로 싸움에 나갈 만한 자를 그 명수대로 다 계수하니
25 갓 지파에서 계수된 자는 사만 오천육백오십 명 이었더라
26 유다의 아들들에게서 난 자를 그들의 종족과 조상의 가문에 따라 이십 세 이상으로 싸움에 나갈 만한 자를 그 명수대로 다 계수하니

27 유다 지파에서 계수된 자는 칠만 사천육백 명 이었더라[7]

28 잇사갈의 아들들에게서 난 자를 그들의 종족과 조상의 가문에 따라 이십 세 이상으로 싸움에 나갈 만한 자를 그 명수대로 다 계수하니

29 잇사갈 지파에서 계수된 자는 오만 사천사백 명 이었더라

30 스불론의 아들들에게서 난 자를 그들의 종족과 조상의 가문에 따라 이십 세 이상으로 싸움에 나갈 만한 자를 그 명수대로 다 계수하니

31 스불론 지파에서 계수된 자는 오만 칠천사백 명 이었더라

32 요셉의 아들 에브라임의 아들들에게서 난 자를 그들의 종족과 조상의 가문에 따라 이십 세 이상으로 싸움에 나갈 만 한 자를 그 명수대로 다 계수하니

33 에브라임 지파에서 계수된 자는 사만 오백 명이었더라

34 므낫세의 아들들에게서 난 자를 그들의 종족과 조상의 가문에 따라 이십 세 이상으로 싸움에 나갈 만한 자를 그 명수대로 다 계수하니

35 므낫세 지파에서 계수된 자는 삼만 이천이백 명 이었더라

36 베냐민의 아들들에게서 난 자를 그들의 종족과 조상의 가문에 따라 이십 세 이상으로 싸움에 나갈 만한 자를 그 명수대로 다 계수하니

37 베냐민 지파에서 계수된 자는 삼만 오천사백 명 이었더라

38 단의 아들들에게서 난 자를 그들의 종족과 조상의 가문에 따라 이십 세 이상으로 싸움에 나갈 만한 자를 그 명수대로 다 계수하니

39 단 지파에서 계수된 자는 육만 이천칠백 명 이었더라

40 아셀의 아들들에게서 난 자를 그들의 종족과 조상의 가문에 따라 이십 세 이상으로 싸움에 나갈 만한 자를 그 명수대로 다 계수하니

41 아셀 지파에서 계수된 자는 사만 천오백 명 이었더라

42 납달리의 아들들에게서 난 자를 그들의 종족과 조상의 가문에 따라 이십 세 이상으로 싸움에 나갈 만한 자를 그 명수대로 다 계수하니

43 납달리 지파에서 계수된 자는 오만 삼천사백 명 이었더라

44 이 계수함을 받은 자는 모세와 아론과 각기 이스라엘 조상의 가문을 대표한 열두 지휘관이 계수하였더라

---

7) 유다 지파가 다른 지파의 수보다 많아 광야에서 이스라엘의 리더의 역할을 한다. 예수도 유다지파에서 출생한다.

45 이같이 이스라엘 자손이 그 조상의 가문을 따라 이십 세 이상으로 싸움에 나
갈 만한 이스라엘 자손이 다 계수되었으니
46 계수된 자의 총계는 육십만 삼천오백오십 명 이었더라

(민수기 1: 17 – 46)

아말렉과의 전투에서 전쟁에서 이기도록
모세의 팔을 부축하고 있는 아론과 훌 [19]

위의 <민수기>를 살펴보면, 이집트를 탈출한 이스라엘 백성들이 약속의 땅 가나안으로 가는 중에 전쟁에 나갈 20세 이상 남자의 수를 각 계파별로 센 다음 모두 '더하여' 총계를 구한 것을 알 수 있습니다. 여

기서 각 지파의 해당되는 남자의 수를 하루 만에 지파, 종족, 가문에 따라 계수하여 더합니다. 이때 더한다는 것은 무엇을 의미하며 또 어떻게 계산하는 것인가요? 이제 자연수가 가지는 성질을 이용하여 더한다는 것이 무엇인지 알아봅시다.

먼저 자연수의 덧셈을 어떻게 정의하면 될까요? 이 덧셈은 물론 자연수를 만든 공리로부터 시작하여야 합니다. 우리의 경험 상 분명히 둘에 하나를 더하면 셋이고, 자연수의 공리로부터 3은 2의 후속자 2^+입니다. 그런데 3(셋)은 2(둘)에 1(하나)을 더한 것이므로, 2에 1을 더하면 3이라고 이야기할 수 있습니다. 우리는 이것을 더하기를 나타내는 기호 +를 사용하여

$$2 + 1 = 2^+ = 3$$

이라고 나타내기로 약속을 합시다.

그렇다면 2에 2를 더한다는 말은 무슨 뜻일까? 이것은 $2=1^+$이므로 2에 1^+을 더하는 것과 같습니다. 즉

$$2+2=2+1^+=2+1+1=2^++1=3+1=3^+=4$$

입니다. 다시 말하면 2에 2를 더한다는 것은 2에 1을 더한 다음 다시 1을 더하는 것과 같습니다. 이와 같은 과정을 되풀이 하면, 임의의 두 자연수 a, b에 대하여

$$a+b$$

를 정의할 수 있습니다. 물론 이것은 자연수의 공리 1에 의하여 다시 자연수가 됩니다.

자연수의 덧셈을 위와 같이 정의하면 번거롭기도 하고 귀찮기까지 합니다. 우리가 이미 경험적으로 알고 있는 것을 이렇게까지 하여야 하나하고 짜증도 날 것입니다. 그렇다고 수학을 경험적 느낌으로만 할 수는 없습니다. 느낌만으로는 수학을 더 발전시키기가 어렵습니다. 따라서 우리는 번거롭지만 차근차근 논리적으로 전개해가는 연습을 해야 합니다. 더욱이 이것은 수학의 여행을 준비하는 좋은 훈련이기도 합니다.

이제 더하는 순서에 대하여 생각해 봅시다. 예를 들어

$$2+3,\ 3+2$$

에 대하여 알아봅시다. 앞에서 정의한 덧셈에 의하여 2+3은

$$2+3=2+2^{+}=2+2+1=2+1^{+}+1=2+1+1+1$$
$$=2^{+}+1+1=3+1+1=3^{+}+1=4+1=4^{+}=5$$

입니다. 같은 방법으로

$$3+2=3+1^{+}=3+1+1=3^{+}+1=4+1=4^{+}=5$$

임을 알 수 있습니다. 따라서

$$2+3=5=3+2 \text{ 즉 } 2+3=3+2$$

가 됩니다. 그러므로 두 자연수를 더할 때 더하는 순서를 바꾸어도 그 결과는 같습니다.

또 괄호 ( ) 안의 것을 먼저 더하는 것으로 약속하면

$$(2+3)+4=5+4=9$$
$$2+(3+4)=2+7=9$$

이므로,

$$(2+3)+4=2+(3+4)$$

가 된다는 것을 확인할 수 있습니다.

우리는 하나의 예를 통하여 더하는 순서를 바꾸어도 그 결과가 같다는 것을 알아보았습니다. 그러면 모든 두 자연수에 대하여 더하는 순서를 바꾸어도 그 결과가 같게 될까요? 그랬으면 좋겠는데 그렇다고 모든 두 자연수에 대하여 일일이 더하여 그 결과를 확인할 수는 없습니다. 그렇다면 어떻게 하지요?

자연수의 공리 3인 귀납법의 원리를 적용하면 임의의 두 자연수의 덧셈에 순서를 바꾸어 더하여도 그 결과가 항상 같다는 것을 증명할 수 있습니다. 다시 말하면

$$2+3=3+2$$
$$(2+3)+4=2+(3+4)$$

가 성립하는 것과 같이, 임의의 자연수 a, b, c에 대하여도

$$a+b=b+a,$$
$$(a+b)+c=a+(b+c)$$

덧셈에 대하여 교환법칙과 결합법칙이 성립한다.

가 성립한다는 것입니다. 이것을 각각 덧셈에 대한 교환법칙, 결합법칙이라고 합니다.

이런 법칙을 만들어 놓으면, 우리는 이 법칙에 따라 자연스럽게, 또 의심 없이 자연수의 덧셈의 결과를 확실하게 인정하게 됩니다. 조금은 지루했지만 그래도 이제 마음이 편안하지요?

우리는 덧셈방법을 일반화하기 위하여 구체적인 숫자 대신 모든 수를 나타내는 기호를 사용하여야 합니다. 물론 기호가 의미하는 것을 이해하려면 조금은 어렵게 느껴집니다. 그렇더라도 한번 익숙해지면 아주 편리합니다. 어떤 것을 얻는데 공짜는 없습니다. 사실 우리가 사용하는 일상용어도 우리가 느끼지 못하는 사이 어려서부터 여러 번 듣고서야 자유롭게 시용하게 된 것입니다. 수학에서 새롭게 배우는 용어나 기호가 쉽게 이해가 안 되는 것은 지극히 당연한 것입니다. 그렇더라도 갈고 닦아 익힐 필요가 있습니다.

Chapter 08

자연수의 빨셈과 아담의 수명

08 Chapter 자연수의 뺄셈과 아담의 수명

요즈음 시대에는 우리가 오래 살면 120년을 살 수 있다고 합니다. 사실 우리의 꿈은 영원토록 사는 것이겠지요. 그러나 하나님이 아직은 영생을 허락하지 않았습니다. 성경에 의하면 아담과 하와가 하나님의 명령을 의심하고 선과 악을 아는 나무의 열매를 따먹었기 때문에, 아담과 하와가 영원히 살 수 있는 나무 열매를 따 먹지 못하도록 그들을 에덴동산에서 추방하였습니다. 그 이후 사람은 영생을 하지 못하게 되었습니다.

윌리암 블레이크의 〈아담을 심판하는 하나님(1795)〉 [20]

그렇다면 아담은 얼마나 오래 살았을까요? 이에 대한 대답은 구약 성경 <창세기>에 다음과 같이 잘 나타나 있습니다.

1 이것은 아담의 계보를 적은 책이니라 하나님이 사람을 창조하실 때에 하나님의 모양대로 지으시되
2 남자와 여자를 창조하셨고 그들이 창조되던 날에 하나님이 그들에게 복을 주시고 그들의 이름을 사람이라 일컬으셨더라
3 아담은 백삼십 세에 자기의 모양 곧 자기의 형상과 같은 아들을 낳아 이름을 셋이라 하였고
4 아담은 셋을 낳은 후 팔백 년을 지내며 자녀들을 낳았으며
5 그는 구백삼십 세를 살고 죽었더라.

(창세기 5: 1 – 5)

위에서 아담은 130살에 셋을 낳고, 셋을 낳은 후 800년을 더 살다가 죽었다고 하였습니다. 결국 아담은 930년을 살았다고 말하고 있습니다. 이것을 앞에서 약속한 덧셈 기호를 사용하여 나타내면

$$130 + 800 = 930$$

입니다. 여기서 우리는 아담의 일생은

(아담이 셋을 낳을 때까지) + (셋을 낳은 후) = (아담의 일생)

임을 알 수 있습니다. 즉 (아담의 일생)은 (아담이 셋을 낳을 때까지 산 해)와 (셋을 낳은 후 산 해)를 모은 것으로, 덧셈은 '모으기'와 깊은 관계가 있습니다.

한편 (아담의 일생)을 (아담이 셋을 낳을 때까지 산 해)와 (셋을 낳은 후 산 해)로 나눌 수가 있습니다. 그러므로 우리는 덧셈에서 '모으기'를 볼 수도 있고 '가르기'의 개념을 엿볼 수도 있습니다. 이것을 이용하여 아담이 셋을 낳은 후 얼마나 오랫동안 살았는지 알 수 있을까

요? 이 문제는 130에다 얼마를 더하면 930이 되느냐를 묻는 문제와 같습니다.

이것을 수식으로 나타내면 등식

$$130+x=930$$

이 참이 되도록 하는 x의 값을 구하는 문제와 같습니다. 우리가 구하는 x의 값은 130의 몇 번의 후속자가 930이냐를 구하는 '모으기'의 개념으로, 이 값이 $x=800$인 것을 이미 창세기 5장 4절을 통해서 알고 있습니다.

위의 과정은 930에서 얼마를 빼면 800이 되느냐하는 것과 같습니다. 이때 우리는 뺄셈의 기호 –를 사용하여 x의 값을

$$x=930 - 130$$

과 같이 나타내기로 약속합시다. 그러면 뺄셈은 덧셈의 반대방향의 계산(역연산)인 것을 알 수 있습니다.

이제 자연수의 덧셈과 뺄셈의 차이를 알아봅시다. 덧셈인 경우에는 두 자연수나 세 자연수의 덧셈의 순서를 바꾸어도 그 값에 변화가 없다고 하였습니다. 즉 임의의 자연수 a, b, c에 대하여 덧셈에 대한 교환법칙과 결합법칙인

$$a+b=b+a,$$

$$(a+b)+c=a+(b+c)$$

가 성립한다는 것을 알아보았습니다. 이와 같은 성질이 뺄셈에 대해서도 성립할까요?

예를 들어 봅시다. 우리는 5에서 4를 뺀다는 것은 4에다 얼마를 더하면 5가 되는가하는 물음과 같습니다. 이것을 식으로 나타내면

$$4+x=5$$

이므로

$$x=5-4=1$$

입니다. 그런데 5에서 6을 빼면 얼마일까요? 이것이 가능한가요? 즉

$$6+x=5$$

가 되는 자연수 x가 있는가요? 예를 들어 상자에 사과 여섯 개가 들어있는데 사과를 몇 개 더 넣어 다섯 개로 만들 수 있나요? 다른 사람에게 주는 것을 생각하지 않으면 이것은 불가능한 일입니다.

그러므로 자연수의 뺄셈에서는 빼는 수가 빼지는 수보다 작아야만 합니다. 그러니 뺄셈에 대한 교환법칙은 꿈도 못 꿉니다. 따라서 뺄셈에 대한 결합법칙이 성립하는지는 확인할 필요조차 없습니다. 뺄셈에 대한 결합법칙은 당연히 성립하지 않을 테니 말입니다.

그렇다면 덧셈과 뺄셈이 섞여있는 경우에는 어떨까요? 예를 들면 9명이 타고 있는 버스에서 6명이 내리고 다시 5명이 타면 버스에는 모두 8명의 사람이 타고 있게 된다. 이것을 수식으로 나타내면

$$9-6+5$$

와 같습니다. 이와 같은 자연수의 계산에서는

$$9-6+5=(9-6)+5=3+5=8$$

이 성립합니다. 그런데 덧셈과 뺄셈이 섞여 있어도 결합법칙이 성립하는 것처럼 생각하여 $9-6+5$를 $9-(6+5)$처럼 계산하면

$$9 - (6 + 5) = 9 - 11 = -2$$

가 되어, 실제 상황과 맞지 않게 됩니다.

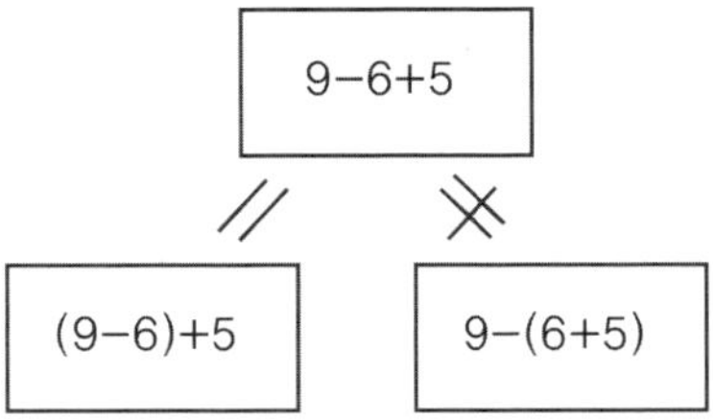

빼셈의 경우에는 결합법칙이 성립하지 않는다.

그러므로 덧셈과 빼셈이 섞여있는 경우에도 교환법칙과 결합법칙이 당연히 성립하지 않게 됩니다. 따라서 덧셈인 경우에는 덧셈의 순서를 바꾸어 자유롭게 계산하여도 괜찮았지만, 덧셈과 빼셈이 섞여있는 경우에는 순서에 따라 계산하여야만 합니다.

Chapter 09

지구의 나이와 아담의 계보

Chapter 09 지구의 나이와 아담의 계보

우리는 살면서 '나는 누구인가?'하는 질문을 계속 던지며 삽니다. 그러다 보면 나의 조상은 누구이며 어떤 사람인가도 묻게 됩니다. 또 인류의 조상은 누구이며 언제부터 시작 되었나, 그렇다면 지구가 태어난 지는 얼마나 되는가 하는 호기심이 계속해서 일어납니다.

성경에 의하면 예수님이 태어난 지 2000여년이 지났으니, 하나님이 아담과 하와를 창조하시고 예수님이 태어날 때까지의 시간을 알면 우리 인간이 얼마나 오랫동안 살아왔는지를 알 수 있겠지요? 왜냐하면 하나님이 천지를 창조하시기 시작하여 여섯째 날에 아담과 하와를 만들었으니 말입니다. 이것을 그림으로 나타내면 다음과 같습니다.

아담 예수

• ---6일---- • ---------? -------- • -----2018년------- • -----------

천지창조 현재

그런데 신약성경의 첫 번째 책인 <마태복음> 1장을 보면 다음과 같이 아브라함부터 예수님까지의 족보가 나옵니다.

16 야곱은 마리아의 남편 요셉을 낳았으니 마리아에게서 그리스도라 칭하는 예수
가 나시니라
17 그런즉 모든 대 수가 아브라함부터 다윗까지 열네 대요 다윗부터 바벨론으로
사로잡혀 갈 때까지 열네 대요 바벨론으로 사로잡혀 간 후부터 그리스도까지
열네 대더라

(마태복음 1: 16 – 17)

위의 예수님의 족보를 다시 그림으로 나타내면 다음과 같습니다.

아담 아브라함 예수

• ---- • -------- • ------------- • ------------ • -----------

천지창조 현재

그러니 위 아브라함의 족보를 따라가면서, 성경을 통해 아브라함부터 예수님까지 얼마나 걸렸는지를 찾아보면 아브라함부터 지금까지의 시간을 알 수 있습니다. 이것을 조사해보는 것도 재미있는 성경공부가 될 것입니다. 물론 시간뿐만 아니라 그들이 살아온, 하나님과의 관계를 살피면 더욱 좋겠지요.

이제 우리는 지구의 나이를 알기 위하여 아담부터 아브라함까지의 기간을 조사하면 됩니다. 그런데 <창세기> 5장을 보면 다음과 같이 아담부터 노아까지의 족보가 나타납니다.

1 이것은 아담의 계보를 적은 책이니라 하나님이 사람을 창조하실 때에 하나님의
모양대로 지으시되

2 남자와 여자를 창조하셨고 그들이 창조되던 날에 하나님이 그들에게 복을 주시
고 그들의 이름을 사람이라 일컬으셨더라
3 아담은 백삼십 세에 자기의 모양 곧 자기의 형상과 같은 아들을 낳아 이름을
셋이라 하였고
4 아담은 셋을 낳은 후 팔백 년을 지내며 자녀들을 낳았으며
5 그는 구백삼십 세를 살고 죽었더라
6 셋은 백오 세에 에노스를 낳았고
7 에노스를 낳은 후 팔백칠 년을 지내며 자녀들을 낳았으며
8 그는 구백십이 세를 살고 죽었더라
9 에노스는 구십 세에 게난을 낳았고
10 게난을 낳은 후 팔백십오 년을 지내며 자녀들을 낳았으며
11 그는 구백오 세를 살고 죽었더라
12 게난은 칠십 세에 마할랄렐을 낳았고
13 마할랄렐을 낳은 후 팔백사십 년을 지내며 자녀들을 낳았으며
14 그는 구백십 세를 살고 죽었더라
15 마할랄렐은 육십오 세에 야렛을 낳았고
16 야렛을 낳은 후 팔백삼십 년을 지내며 자녀를 낳았으며
17 그는 팔백구십오 세를 살고 죽었더라
18 야렛은 백육십이 세에 에녹을 낳았고
19 에녹을 낳은 후 팔백 년을 지내며 자녀들을 낳았으며
20 그는 구백육십이 세를 살고 죽었더라
21 에녹은 육십오 세에 므두셀라를 낳았고
22 므두셀라를 낳은 후 삼백 년을 하나님과 동행하며 자녀들을 낳았으며
23 그는 삼백육십오 세를 살았더라
24 에녹이 하나님과 동행하더니 하나님이 그를 데려가시므로 세상에 있지 아니
하였더라
25 므두셀라는 백팔십칠 세에 라멕을 낳았고
26 라멕을 낳은 후 칠백팔십이 년을 지내며 자녀를 낳았으며
27 그는 구백육십구 세를 살고 죽었더라

28 라멕은 백팔십이 세에 아들을 낳고
29 이름을 노아라 하여 이르되 여호와께서 땅을 저주하시므로 수고롭게 일하는
우리를 이 아들이 안위하리라 하였더라
30 라멕은 노아를 낳은 후 오백구십오 년을 지내며 자녀들을 낳았으며
31 그는 칠백칠십칠 세를 살고 죽었더라
32 노아는 오백 세 된 후에 셈과 함과 야벳을 낳았더라

(창세기 5:1-32)

또 <창세기> 10장을 살펴보면, 노아는 셈, 함, 야벳을 낳았고, 셈은 아르박삿을, 아르박삿은 셀라를, 셀라는 에벨을 낳았습니다. 다시 에벨은 벨렉을, 벨렉은 르우를, 르우는 스룩을, 스룩은 나홀을, 나홀은 데라를, 데라는 아브람을 낳았습니다.

이제 우리는 아담부터 예수까지의 족보를 알았으니, 각 세대가 산 기간을 잘 계산하면 지구의 나이를 계산할 수 있습니다. 예를 들어 지구의 나이를 알아보기 위하여 <창세기> 5장에서 3절 – 5절로 다시 돌아가 봅시다. 여기에는 아담은 930년을 살았고, 아담의 아들 셋은 912년을 살았다고 기록되어 있습니다. 그렇다면 아담이 창조되어 셋이 죽을 때까지는 몇 년이나 되나요? 아담과 셋이 산 기간을 더하면

930 + 912 = 1842 (년)

입니다. 그러니까 아담이 태어나서 셋이 죽을 때까지의 기간이 1842년이라고 말할 수 있나요? 이것이 사실이 되려면 아담이 죽을 때에 셋이 태어났어야만 가능한 일입니다. 그런데 아담이 죽으면서 셋을 낳고 죽는다는 것은 생각해보기 어렵지요. 사실 성경은 아담이 셋을 130살에 낳았다고 기록하고 있습니다.

자, 그렇다면 우리가 구하고자하는 기간을 어떻게 구해야 할까요? 방법이 잘 안 떠오르지요? 이런 경우에는 그림을 그려보면 도움이 될 때가 많습니다. 아담과 셋의 생존 기간을 잘 알아볼 수 있도록, 먼저 아담의 탄생 시기를 기준으로 삼고 셋의 탄생 시기, 아담의 사망 시기, 셋의 사망 시기를 순서대로 그림으로 그려보면 아래와 같습니다.

0 130 930 ?

• ------------- • ---------------------- • ------------- • -------

아담의 탄생 셋의 탄생 아담의 죽음 셋의 죽음

그런데 셋은 912년을 살았으므로, 그림을 이용하면 셋이 사망한 때는 아담이 태어난 시점으로부터

130 + 912 = 1042 (년)

후인 것을 알 수 있습니다. 따라서 구하는 답은 1042년이다. 그런데

1042 = 930 + 912 − 800

이라는 것을 발견할 수 있습니다. 즉 구하는 기간은 아담의 수명과 셋의 수명을 합한 것에서 아담과 셋이 같이 산 기간을 뺀 것과 같습니다.

이렇게 성경에 바탕을 두어 지구의 나이를 계산한 여러 연구자들이 있는데, 그 중에서도 유명한 사람은 아일랜드의 대주교였던 어셔(Ussher:1581–1656)입니다. 어셔는 1649년 성경의 기록과 천문학 그리고 역사적 기록을 고려하여, 아브라함은 기원전 2000년경에 살았고 기원전 4004년 10월 22일 저녁에 천지가 창조되었다고 주장하였습니다. 만약 어셔의 주장이 옳다면, 현재를 2018년이라고 할 때, 지구의 나이

는 덧셈을 이용하여 계산하여

$$4004 + 2018 = 6022\ (\text{년})$$

이 되는 것입니다.

피터 렐리(1618-1680)가 그린 아일랜드의 대주교 어셔의 초상 [21]

지구의 나이를 성경에 있는 '말씀'대로 계산하면 얼핏 하나님의 창조의 역사와 맞아떨어지는 것 같습니다. 그러나 앞에서도 언급했지만 현재 우리가 과학을 통해 계산한 지구의 나이는 약 46억년으로, 6000년과는 어마어마한 차이가 납니다. 그렇다면 창조의 역사가 잘못된 것일까요? 아니면 어딘가를 잘못 계산한 것일까요?[8] 그것도 아니면 성경이 잘 못 기록된 것인가요? 성경은 일점일획도 흠결이 없다고 <마

8) 어셔의 마지막 말은 "오, 주여 나를 용서하소서. 특히 빠뜨린 것을."이었다고 전해진다.

태복음>에서 말하고 있는데 말입니다.

17 내가 율법이나 선지자를 폐하러 온 줄로 생각하지 말라 폐하러 온 것이 아니
요 완전하게 하려 함이라
18 진실로 너희에게 이르노니 천지가 없어지기 전에는 율법의 일점일획도 결코
없어지지 아니하고 다 이루리라
19 그러므로 누구든지 이 계명 중의 지극히 작은 것 하나라도 버리고 또 그같이
사람을 가르치는 자는 천국에서 지극히 작다 일컬음을 받을 것이요 누구든지
이를 행하며 가르치는 자는 천국에서 크다 일컬음을 받으리라
20 내가 너희에게 이르노니 너희 의가 서기관과 바리새인보다 더 낫지 못하면
결코 천국에 들어가지 못하리라

(마태복음 5: 17 – 20)

성경은 '하나님의 말씀'이지만 인간의 언어로 기록되어 있습니다. 그런데 인간의 언어는 하나님의 말씀을 '완벽하게' 기록하기에는 한계가 있습니다. 왜냐하면 인간이 완벽하지 않은데 온전하지 않은 인간이 만들어낸 언어가 완전할 리가 있겠습니까? 그래서 예수도 이스라엘 백성들에게 이야기를 할 때 '하나님의 말'로 하지 않으시고 사람들이 알아들을 수 있도록 비유를 자주 사용하셨습니다. 왜냐하면 우리가 '하나님의 말'을 정확하게 알아듣지 못하기 때문에 그렇게 말씀하실 수밖에 없으셨습니다. 그러므로 우리는 성경에 있는 '하나님의 말씀'을 깨닫기 위해 노력을 하여야 합니다. 성경에 쓰인 인간의 언어가 어떤 의미가 있는지를 잘 깨달아야 합니다. 사실 하나님의 창조 시절을 나타내는 '하루'는 지금 우리의 하루와는 다릅니다. 이렇게 해석을 하면 성경과 과학이 상충되는 것이 아니라, 과학을 통하여 성경을 이해하려고 어떻게 노력하여야 하는가를 엿볼 수 있습니다.

Chapter 10

수직선과 연도의 기준

10 Chapter 수직선과 연도의 기준

아담이 태어나서 셋이 죽을 때까지의 기간을 구하기 위하여, 우리는 다음과 같이 직선 위에 각 사건이 일어난 시점을 점을 찍어 나타내었습니다. 이때 뒤에 일어난 사건을 순서대로 오른쪽에 나타내었습니다.

0	130	930	?
•	•	•	•
아담의 탄생	셋의 탄생	아담의 죽음	셋의 죽음

자연수는 후속자를 이용하여 만들어졌으므로 이와 같은 방법으로 모든 자연수를 직선 위에 점을 찍어 나타낼 수 있습니다. 이렇게 하면 우리는 직선을 그냥 직선으로만 생각하는 것이 아니라, 직선 위의 점을 수로 생각하는 수의 직선이라 할 수 있습니다. 이런 의미에서 수를 나타내는 직선을 수직선이라고 부릅니다.

위에서 아담의 탄생을 기준으로 정했던 것과 마찬가지로, 수직선을 나타내려면 기준점을 먼저 정해야 합니다. 그 기준이 되는 점을 0이라 나타내고, 기준점으로부터 단위길이가 하나씩 늘어남에 따라 이들 점에 자연수 1, 2, 3, ...을 각각 대응시키면 됩니다. 그러면 자연수를 나타내는 수직선은 아래 그림과 같이 나타낼 수 있습니다.

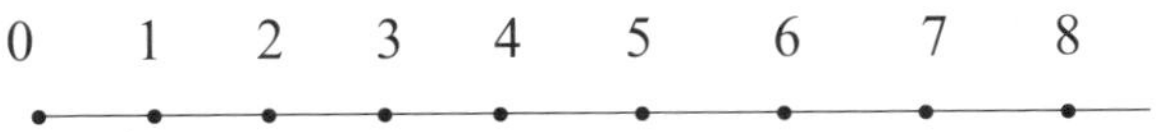

앞에서 우리는 자연수를 세는 수로부터 시작하여 덧셈과 뺄셈의 성질까지 알아보았습니다. 한편으로는 창조의 순서가 있는 것처럼 자연수에도 순서의 개념이 들어있다는 것도 알아보았습니다. 이러한 자연수의 중요한 성질을 수직선을 이용하면 쉽게 알아볼 수 있게 됩니다.

사실 어떤 모임(집합)에 몇 개가 있는지 알아보기 위해서 개수를 세는 것이 보통입니다. 그러나 때로는 집합의 원소가 몇 개인지를 아는 것보다 두 집합에 속하는 원소가 어느 것이 더 많은가에 관심을 가질 때가 있습니다. 이런 경우에는 각 집합의 원소 하나하나를 짝지어(대응시켜) 비교하는 것이 좋습니다. 물론 짝을 모두 지은 다음에도 남는 쪽이 더 많다고 하지요. 이렇게 자연수의 순서를 정하는 것에 문제가 없나요? 다행히도 자연수의 체계는 셈수의 규칙에 따라 순서가 잘 정의됩니다.

이렇게 순서가 정해지면 수직선을 이용하여 두 자연수 사이의 크기를 비교할 수 있습니다. 예를 들어 자연수의 수직선에서 5는 3의 오른쪽에 있고 9는 4의 오른쪽에 있습니다. 그런데 덧셈

$$3 + 2 = 5, \qquad 4 + 5 = 9$$

로부터, 5를 3과 짝지으면 2가 남고 9를 4와 짝지어 비교하면 5가 남

으므로 5는 3보다 크고 9는 4보다 크다는 것을 알 수 있습니다. 따라서 수직선에서 오른쪽에 있는 수가 왼쪽에 있는 수보다 크다는 것을 알 수 있습니다.

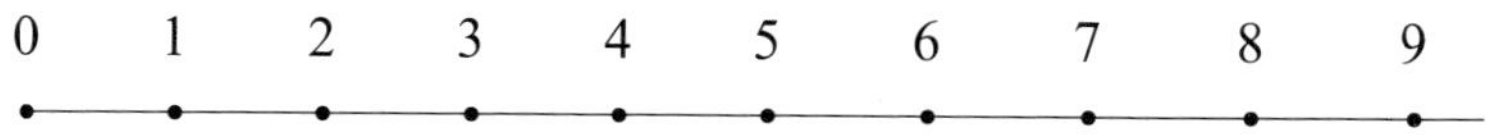

일반적으로, 임의의 자연수 a,b에 대하여

$$a+n=b$$

인 자연수 n이 존재할 때, 'b는 a보다 크다.'라고 정의합니다. 이때 크기를 나타내는 부등호의 기호 $<$ 을 사용하여 부등식

$$a<b$$

와 같이 나타내기로 약속합니다.

이와 같이 두 수 사이의 부등식을 정의하면 다음과 같은 성질이 성립합니다. 즉 모든 자연수 a, b, c에 대하여

(1) $a=b,\ a<b,\ b<a$ 중 단 하나의 관계만 존재한다.

(2) $a<b$이면 $a+c<b+c$

(3) $a<b$이고 $b<c$이면 $a<c$

이 성립합니다.

물론 이와 같은 자연수의 순서는 자연수를 정의할 때 후임자를 덧셈의 형식을 빌려 정의하였으므로 귀납적으로 증명할 수 있습니다. 더욱이 수직선을 보면, $4 = 3^+$은 3의 오른쪽에 나타나며 또 기준점으로부터 더 먼 곳에 나타나 있습니다. 일반적으로, 수직선에서 두 수 중에서 큰 수가 작은 수의 오른쪽에 나타납니다. 이와 같이 자연수의 순서를 수직선을 이용하여 나타내면 쉽게 이해할 수 있습니다.

천지창조를 기준으로 지구의 나이를 수직선을 이용하여 나타내보면 다음과 같습니다.

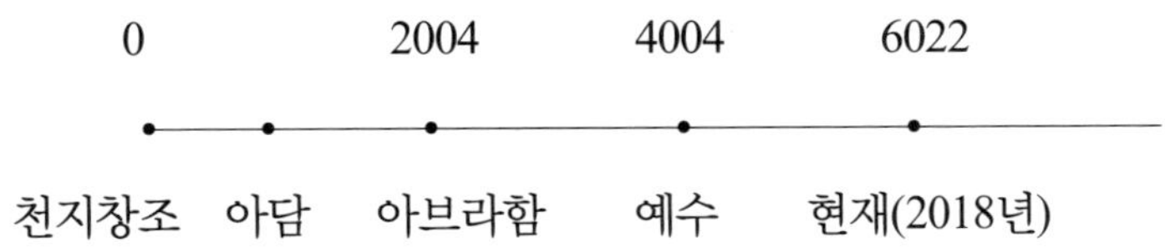

아담의 나이를 계산할 때의 수직선과 지구의 나이를 계산할 때의 기준점 0이 서로 다르지요? 우리는 이와 같이 경우에 따라 기준을 달리 잡을 수 있습니다. 그런 경우에는 무엇이 기준인지를 분명히 약속해야 합니다. 그러나 어떤 경우에는 대화가 편하도록 공통의 기준을 택하기도 합니다. 예를 들어 수직선에 0을 기준으로 잡는 것과 같습니다. 또 예수의 탄생을 기준 0으로 택하고 연도를 나타내면 2018년은 2018이 됩니다.

예수의 탄생을 축하하며 경배하는 모습을 그린 반 온도르스트의
〈목자에 대한 경배(1622)〉 [22]

그런데 우리는 시간을 나타낼 때 기원전(B.C.; Before Christ)과 기원후(A.D.: Anno Domini)로 나타냅니다. 이때 기원은 물론 예수 그리스도의 탄생이 기준입니다. 이 경우 아브라함과 천지창조에 대응하는 수는 무엇이 될까요? 이것은 다음에 자세히 이야기하기로 합시다.

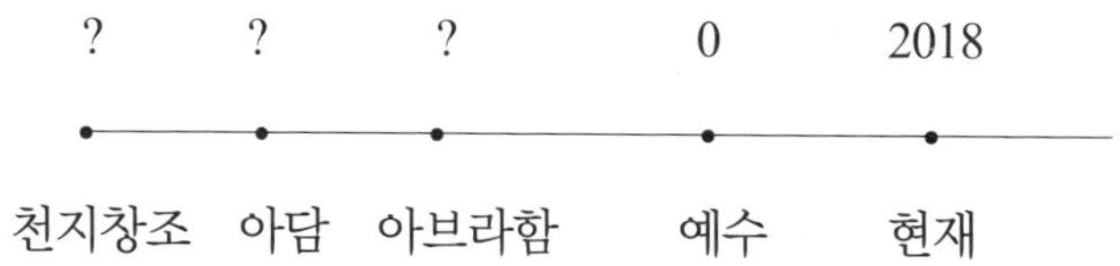

Chapter 11

곱셈과 용서

11 Chapter 곱셈과 용서

앞에서 자연수의 덧셈의 성질에 대하여 알아보았습니다. 자연수의 덧셈에서 두 수의 순서를 바꾸어 더하여도 그 결과는 같고, 세 수의 덧셈에서는 어느 것을 먼저 더 하여도 그 결과가 같다는 것을 알았습니다. 따라서 3을 5번 더하는 것은 더하는 순서에 관계없으므로

$$3+3+3+3+3$$

와 같이 덧셈을 여러 번 하는 것으로 나타낼 수 있습니다. 그런데 자연수의 덧셈에 대한 법칙을 사용하면

$$\begin{aligned} 3+3+3+3+3 &= 3+3+3+(3+3) \\ &= 3+3+3+6 \\ &= 3+3+(3+6) \\ &= 3+3+9 \\ &= 3+(3+9) \\ &= 3+12 \\ &= 15 \end{aligned}$$

가 됩니다. 이와 같이 같은 것을 여러 번 더하는 경우, 더하는 횟수가 적으면 앞에서와 같이 더해 나가도 아무런 불편이 없습니다. 그러면 같은 것을 더하는 횟수가 많아지면 어떨까요?

우리는 살아가면서 다른 여러 사람과 만나고 헤어지며 삽니다. 또 다른 사람들과의 관계 속에서 때론 기쁘고 행복하기도 하지만 슬프고 속이 상할 때도 있습니다. 심지어는 다른 사람들이 나에게 해를 끼치기도 합니다. 그런 경우에 우리도 상대방을 미워하고 심지어 해를 끼치며 되갚아 주어야 할까요? 아니겠지요. 이런 경우 우리는 예수님께서 무어라 말씀하시는지 살펴볼 필요가 있습니다. 다음은 예수님께서 우리에게 죄지은 사람을 어떻게 대하여야 하는지를 <마태복음> 18장에서 말씀하는 대목입니다.

15 네 형제가 죄를 범하거든 가서 너와 그 사람과만 상대하여 권고하라 만일 들으면 네가 네 형제를 얻은 것이요
16 만일 듣지 않거든 한두 사람을 데리고 가서 두세 증인의 입으로 말마다 확증하게 하라
17 만일 그들의 말도 듣지 않거든 교회에 말하고 교회의 말도 듣지 않거든 이방인과 세리와 같이 여기라
18 진실로 너희에게 이르노니 무엇이든지 너희가 땅에서 매면 하늘에서도 매일 것이요 무엇이든지 땅에서 풀면 하늘에서도 풀리리라
19 진실로 다시 너희에게 이르노니 너희 중의 두 사람이 땅에서 합심하여 무엇이든지 구하면 하늘에 계신 내 아버지께서 그들을 위하여 이루게 하시리라
20 두세 사람이 내 이름으로 모인 곳에는 나도 그들 중에 있느니라
21 그 때에 베드로가 나아와 이르되 주여 형제가 내게 죄를 범하면 몇 번이나 용서하여 주리이까 일곱 번까지 하오리이까
22 예수께서 이르시되 네게 이르노니 일곱 번뿐 아니라 일곱 번을 일흔 번까지라도 할지니라
23 그러므로 천국은 그 종들과 결산하려 하던 어떤 임금과 같으니
24 결산할 때에 만 달란트 빚진 자 하나를 데려오매
25 갚을 것이 없는지라 주인이 명하여 그 몸과 아내와 자식들과 모든 소유를 다

팔아 갚게 하라 하니
26 그 종이 엎드려 절하며 이르되 내게 참으소서 다 갚으리이다 하거늘
27 그 종의 주인이 불쌍히 여겨 놓아 보내며 그 빚을 탕감하여 주었더니
28 그 종이 나가서 자기에게 백 데나리온 빚진 동료 한 사람을 만나 붙들어 목을
잡고 이르되 빚을 갚으라 하매
29 그 동료가 엎드려 간구하여 이르되 나에게 참아 주소서 갚으리이다 하되
30 허락하지 아니하고 이에 가서 그가 빚을 갚도록 옥에 가두거늘
31 그 동료들이 그것을 보고 몹시 딱하게 여겨 주인에게 가서 그 일을 다 알리니
32 이에 주인이 그를 불러다가 말하되 악한 종아 네가 빌기에 내가 네 빚을 전부
탕감하여 주었거늘
33 내가 너를 불쌍히 여김과 같이 너도 네 동료를 불쌍히 여김이 마땅하지 아니
하냐 하고
34 주인이 노하여 그 빚을 다 갚도록 그를 옥졸들에게 넘기니라
35 너희가 각각 마음으로부터 형제를 용서하지 아니하면 나의 하늘 아버지께서
도 너희에게 이와 같이 하시리라.

(마태복음 18:15 – 35)

예수께서는 우리가 우리에게 죄지은 사람과 조용히 화해하시길 바랍니다. 특히 베드로가 예수에게 우리에게 죄지은 사람을 몇 번이나 용서하여야 하느냐고 물었을 때, 한두 번 만 용서하고 마는 것이 아니라 일곱 번씩 일흔 번이라도 용서하라고 말씀하십니다. 참으로 어려운 일입니다. 한두 번 용서해주기도 어려운데 일곱 번씩 일흔 번이라니요? 그렇다면 예수를 따르는 사람은 적어도 몇 번을 용서하여야 할까요?

“내 양을 치라” 하고 베드로에게 부탁하는
예수의 모습을 그린 라파엘의 작품(1515) [23]

이것을 계산하려면 7을 70 번 더하여야 합니다. 이것을 식으로 나타내면 7을 70번을 적어

$$7+7+7+\cdots+7$$

와 같이 계산하여야 합니다. 물론 이것을 모두 더하면

$$7+7+7+\cdots+7 = 490$$

이라는 것을 알 수 있습니다. 그러나 이 값을 구하기까지는 많은 인내가 필요합니다. 종이에 7을 70번 쓰는 것도 번거롭습니다. 그렇다면 같은 것을 더하는 것을 좀 더 간단히 나타내는 방법은 없을까요?

왜 없겠습니까? 필요하면 우리가 만들면 되지요. 수학에서는 이렇게 만드는 약속을 정의한다고 합니다. 이제 7을 70번 더하는 것을 곱셈기호 ×을 사용하여

$$7\times70$$

와 같이 나타냅니다. 7을 70번 써서 $7+7+7+\cdots+7$와 같이 나타내는 것보다 훨씬 간단하지요?

$$\overbrace{7+7+\cdots+7}^{70\text{번}}=7\times70$$

7을 70번 더하는 것을 간단히 7×70으로 나타낼 수 있다.

앞에서 알아본 것 같이, 같은 것을 여러 번 더하는 것을 일일이 나열하여 나타내는 것은 참으로 번거로운 일입니다. 이런 번거로운 것을 간단히 나타내기 위하여 새로운 곱셈기호 $\times$를 사용하기로 하였습니다. 일반적으로 자연수 m을 k번 더하는 것을

$$m+m+\cdots+m=m\times k$$

와 같이 나타내기로 약속합니다. 그런데 $m\times k$는 자연수인가요? 예, 그렇습니다. 왜냐하면 $m\times k$는 자연수 m을 k번 더한 것이고 자연수를 더한 결과는 자연수가 되므로, 두 자연수의 곱 $m\times k$는 당연히 자연수가 됩니다.

Chapter 12

곱셈 규칙과 예수의 족보

12 Chapter

곱셈 규칙과 예수의 족보

앞에서 지구의 나이를 계산하다 보면 아브라함부터 예수의 탄생까지의 시간을 알아야 한다고 하였습니다. 그런 이유로 예수 그리스도의 족보를 살피게 됩니다. 예수의 족보는 <마태복음> 1장에 잘 나와 있습니다.

1 아브라함과 다윗의 자손 예수 그리스도의 계보라
2 아브라함이 이삭을 낳고 이삭은 야곱을 낳고 야곱은 유다와 그의 형제들을 낳고
3 유다는 다말에게서 베레스와 세라를 낳고 베레스는 헤스론을 낳고 헤스론은 람을 낳고
4 람은 아미나답을 낳고 아미나답은 나손을 낳고 나손은 살몬을 낳고
5 살몬은 라합에게서 보아스를 낳고 보아스는 룻에게서 오벳을 낳고 오벳은 이새를 낳고
6 이새는 다윗 왕을 낳으니라 다윗은 우리야의 아내에게서 솔로몬을 낳고
7 솔로몬은 르호보암을 낳고 르호보암은 아비야를 낳고 아비야는 아사를 낳고
8 아사는 여호사밧을 낳고 여호사밧은 요람을 낳고 요람은 웃시야를 낳고
9 웃시야는 요담을 낳고 요담은 아하스를 낳고 아하스는 히스기야를 낳고
10 히스기야는 므낫세를 낳고 므낫세는 아몬을 낳고 아몬은 요시야를 낳고
11 바벨론으로 사로잡혀 갈 때에 요시야는 여고냐와 그의 형제들을 낳으니라
12 바벨론으로 사로잡혀 간 후에 여고냐는 스알디엘을 낳고 스알디엘은 스룹바벨을 낳고

13 스룹바벨은 아비훗을 낳고 아비훗은 엘리아김을 낳고 엘리아김은 아소르를 낳고
14 아소르는 사독을 낳고 사독은 아킴을 낳고 아킴은 엘리웃을 낳고
15 엘리웃은 엘르아살을 낳고 엘르아살은 맛단을 낳고 맛단은 야곱을 낳고
16 야곱은 마리아의 남편 요셉을 낳았으니 마리아에게서 그리스도라 칭하는 예수
가 나시니라
17 그런즉 모든 대 수가 아브라함부터 다윗까지 열네 대요 다윗부터 바벨론으로
사로잡혀 갈 때까지 열네 대요 바벨론으로 사로잡혀 간 후부터 그리스도까지
열네 대더라

(마태복음 1; 1 – 17)

아브라함부터 예수까지는 기간에 따라 아브라함부터 다윗까지, 다윗부터 바벨론 포로까지, 바벨론 포로로부터 예수까지 각 14대 이므로, 아브라함부터 예수까지는 모두

$$14 + 14 + 14 = 14 \times 3 = 42$$

세대인 것을 알 수 있습니다.

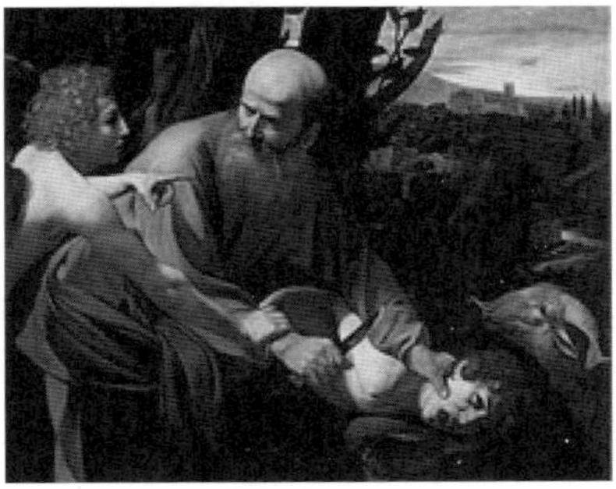

이삭을 제물로 바치려는 아브라함과 이를 말리는 여호와의 사자를 그린 카라바지오의 〈이삭의 희생1598)〉 [24]

이제 자연수의 곱셈이 어떤 성질을 가지고 있는지 살펴봅시다. 자연수의 곱셈은 같은 수를 여러 번 더하는 것이므로, 다음과 같이 직사각형을 이용한 개수 세기를 생각해 볼 수 있습니다.

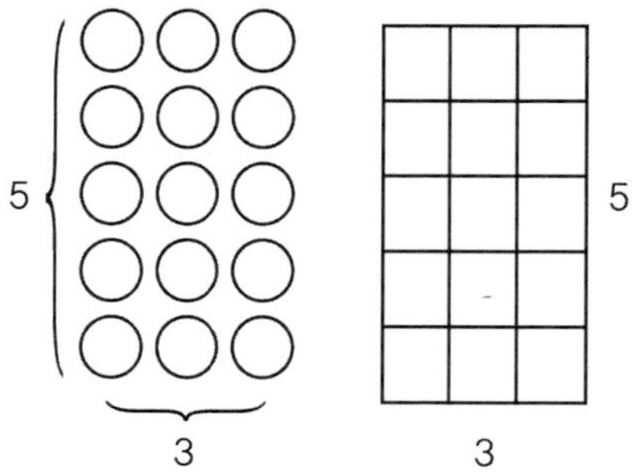

세 개씩 다섯 묶음과 다섯 개씩 세 묶음의 개수는 같다

위의 그림에서 작은 정사각형의 개수는 가로로 3개씩인 것을 5번 더하여

$$3+3+3+3+3=3\times 5 =15$$

인 것을 알 수 있습니다. 그런데 이것을 세로로 5개인 것을 3 묶음 더하는 것으로 계산하여도

$$5+5+5=5\times 3=15$$

인 것을 알 수 있습니다. 그러므로

$$3\times 5=5\times 3$$

입니다.

따라서 우리는 두 수를 곱할 때 곱하는 순서를 바꾸어 곱하여도 그 결과가 같을 것이라는 것을 추측할 수 있습니다. 그러면 예수의 족보는

$$\begin{aligned} 14+14+14 &= 14\times 3 \\ &= 3\times 14 \\ &= 42 \end{aligned}$$

세대이고, <마태복음>에 따르면 우리가 우리에게 죄지은 사람을 용서하여야 하는 것이 적어도

$$\begin{aligned} 7\times 70 &= 70\times 7 \\ &= 70+70+70+70+70+70+70 \\ &= 490 \end{aligned}$$

번이라는 것입니다. 사실 이 정도 용서하게 되면 우리에게 죄지은 사람을 마음속에서도 진정으로 용서하게 되겠지요.

또 세 자연수를 곱하는 경우에도 곱하는 순서를 바꾸어 계산하여도 그 결과는 같습니다. 예를 들면

$$(3\times 4)\times 2 = 12\times 2 = 24$$

$$3\times (4\times 2) = 3\times 8 = 24$$

이므로

$$(3\times 4)\times 2 = 3\times (4\times 2)$$

가 됩니다. 즉 곱셈을 묶는 순서에 관계없이 그 결과는 같습니다.

이와 같은 곱셈의 순서에 대한 성질이 모든 자연수의 곱셈에 대하여도 성립할까요? 물론입니다. 번거롭기는 하지만 자연수의 공리를 이용하여 위의 성질이 성립한다는 것을 증명할 수 있습니다. 다시 말하면, 임의의 자연수 a, b, c에 대하여

$$a \times b = b \times a$$

$$(a \times b) \times c = a \times (b \times c)$$

가 성립합니다. 우리는 이것을 각각 곱셈에 대한 교환법칙, 결합법칙이라고 합니다. 다시 말하면 자연수의 덧셈에 대하여 교환법칙과 결합법칙이 성립하는 것처럼 곱셈에 대하여도 교환법칙과 결합법칙이 성립합니다. 따라서 자연수의 덧셈에서와 같이 곱셈의 경우에도 편리한 대로 순서를 바꾸어 계산하여도 됩니다.

Chapter 13

계산 순서와 야곱

Chapter 13

계산 순서와 야곱

구약의 <창세기> 25장에는 쌍둥이 형제인 에서와 야곱의 출생과 이들의 거래에 대해서 다음과 같이 기록하고 있습니다.

21 이삭이 그의 아내가 임신하지 못하므로 그를 위하여 여호와께 간구하매 여호와께서 그의 간구를 들으셨으므로 그의 아내 리브가가 임신하였더니

22 그 아들들이 그의 태 속에서 서로 싸우는지라 그가 이르되 이럴 경우에는 내가 어찌할꼬 하고 가서 여호와께 묻자온대

23 여호와께서 그에게 이르시되 두 국민이 네 태중에 있구나 두 민족이 네 복중에서부터 나누이리라 이 족속이 저 족속보다 강하겠고 큰 자가 어린 자를 섬기리라 하셨더라

24 그 해산 기한이 찬즉 태에 쌍둥이가 있었는데

25 먼저 나온 자는 붉고 전신이 털옷 같아서 이름을 에서라 하였고

26 후에 나온 아우는 손으로 에서의 발꿈치를 잡았으므로 그 이름을 야곱이라 하였으며 리브가가 그들을 낳을 때에 이삭이 육십 세였더라

27 그 아이들이 장성하매 에서는 익숙한 사냥꾼이었으므로 들사람이 되고 야곱은 조용한 사람이었으므로 장막에 거주하니

28 이삭은 에서가 사냥한 고기를 좋아하므로 그를 사랑하고 리브가는 야곱을 사랑하였더라

29 야곱이 죽을 쑤었더니 에서가 들에서 돌아와서 심히 피곤하여

30 야곱에게 이르되 내가 피곤하니 그 붉은 것을 내가 먹게 하라 한지라 그러므
로 에서의 별명은 에돔이더라
31 야곱이 이르되 형의 장자의 명분을 오늘 내게 팔라
32 에서가 이르되 내가 죽게 되었으니 이 장자의 명분이 내게 무엇이 유익하리요
33 야곱이 이르되 오늘 내게 맹세하라 에서가 맹세하고 장자의 명분을 야곱에게
판지라
34 야곱이 떡과 팥죽을 에서에게 주매 에서가 먹으며 마시고 일어나 갔으니 에서
가 장자의 명분을 가볍게 여김이었더라

(창세기 25: 21- 34)

팥죽 한 그릇에 장자의 권리를 파고 사는 에서와 야곱,
그리고 이를 지켜보는 어머니 리브가. 브루겐의 작품(1627)) [25]

사냥을 다녀온 형인 에서는 배가 고프다고 팥죽 한 그릇에 장자의 지위를 야곱에게 팔았습니다. 정해진 인륜의 순서를 임의로 바꿈으로서 에서는 장자가 누릴 수 있는 축복과 권한을 잃어버리게 되고, 이것은 야곱에게로 돌아가게 갑니다.

그런데 수학에서는 순서를 바꾸어 계산하면 어떤 일이 벌어질까요? 지금까지 우리는 자연수들 사이의 연산 특히 덧셈, 뺄셈과 곱셈에 대하여 다루었습니다. 자연수의 덧셈과 곱셈은 다시 자연수가 되어 자연수끼리는 마음 놓고 덧셈과 곱셈을 할 수 있게 되었습니다. 뿐만 아니라 순서를 바꾸어 계산해도 같은 결과를 얻는다는 것을 알았습니다. 그런데 뺄셈은 덧셈의 역연산으로 생각할 수 있으므로, 자연수의 덧셈과 곱셈만을 생각해도 될 것 같습니다.

자연수의 덧셈과 곱셈에 대해서는 결합법칙이 성립하므로, 덧셈만 있는 경우와 곱셈만 있는 경우에는 셈하는 순서를 무시해도 됩니다. 그러니까 우리는 다음과 같은 계산 순서에 대한 규칙을 정할 수 있겠네요.

1. 덧셈이나 곱셈 만 있는 경우에는 순서와 관계없다. 따라서 계산이 편리한 대로 순서를 바꾸어도 된다.

이제 덧셈과 뺄셈이 섞여 있는 경우를 생각해 봅시다. 우리가 덧셈의 성질을 알아볼 때 괄호 안의 것을 먼저 계산하기로 약속했으니 여기서도 그렇게 약속합니다. 예를 들면

$$5-(2+1)=5-3$$

과 같이 계산합니다.

2. 괄호가 있는 경우는 괄호 속에 있는 것을 먼저 계산한다.

한편 괄호가 없이 덧셈과 뺄셈이 있는 경우

$$5-4+3$$

을 연산의 순서대로 계산하면

$$5-4+3=(5-4)+3=1+3=4$$

가 됩니다. 그런데 이것을 순서를 바꾸어

$$5-(4+3) = 5 - 7 = ?$$

이 되어, 자연수에서는 계산을 할 수가 없습니다. 그런데 우리 생활에서 물건이 5개 있는데서 4개를 없앴다가 3개를 다시 가져오면 4개가 있는 것이 맞습니다. 그러므로 $5-4+3=4$라고 정하는 것이 자연스럽습니다. 따라서 덧셈과 뺄셈이 섞여있는 경우는 다음과 같이 계산의 순서를 정합니다.

3. 덧셈과 뺄셈이 섞여있는 경우는 연산의 순서대로 계산한다.

그런데 덧셈과 곱셈이 섞여있는 경우에는 어느 것을 먼저 계산하는 것이 좋을까요? 이 경우에도 그냥 연산의 순서대로 계산해도 괜찮을까요? 아니면 어떤 순서를 주는 것이 더 좋을까요? 다시 말하면 적당한 순서를 주어 우리가 경험적으로 알고 있는 자연수의 성질이 그대로 보존되도록 하는 문제입니다. 이 질문에 대한 답을 얻기 위해서는, 먼저 몇 개의 계산을 해보고 답을 예측해본 다음 예측한 것이 일반적으로 성립하는지 확인하는 것이 좋겠습니다.

예를 들어, 다음과 같이 덧셈과 곱셈이 섞여있는 식

$$3+2\times 5$$

을 계산해봅시다. 먼저 덧셈과 곱셈을 순서에 따라 계산한다고 약속을 하면

$$3+2\times 5=(3+2)\times 5=5\times 5=25$$

이 됩니다. 여기서 괄호 ( )의 의미는 ( ) 안의 것을 먼저 계산한다는 것으로 약속의 기호입니다. 그런데 곱셈을 먼저 계산하고 나중에 덧셈을 계산하면

$$3+2\times 5=3+(2\times 5)=3+10=13$$

이 됩니다.

따라서 계산의 순서를 어떻게 하느냐에 따라 다른 결과를 얻게 됩니다. 그렇게 되면 우리는 매우 혼란스러워집니다. 이렇게 되면 우리는 의사소통에 혼돈을 가져옵니다. 마치 하나님의 천지창조 이전에 온 세상이 흑암과 혼돈으로 덮여 있었던 것과 마찬가지로 말입니다. 그러나 창세기에 따르면 하나님은 혼돈이 있는 곳에 빛과 어둠을 만드시고, 하늘과 땅, 바다와 육지, 식물과 동물을 차례로 만들어 놓은 다음 마지막으로 사람을 만드시고 "보기에 심히 좋았더라."하고 스스로 감탄하셨습니다. 다시 말해 하나님은 식물과 동물이 살 수 있는 환경을 만들어 놓은 다음 그곳에서 살아갈 수 있도록 사람을 마지막 날에 만드셨습니다. 이렇게 하여 우리는 하나님의 질서 속에서 평안하게 살 수 있게 된 것입니다. 아주 자연스럽게...... . 만약 하나님이 사람을 마지막 날에 만들지 않고 중간에 만들었다면 인간은 어떻게 되었을까요?

하나님이 혼돈인 세상에 질서를 주신 것처럼 우리도 계산에 질서를 줄 필요가 있습니다. 그러려면 자연수의 세계도 하나님의 세계와 마찬가지로 계산의 순서가 질서정연하게 정해져 계산의 결과가 자연스럽게 정해져야 합니다. 이를 위해서 우리는 자연수의 계산 순서를 다음과 같이 정할 필요가 있습니다.

4. 덧셈과 곱셈이 섞여있는 경우는 곱셈을 먼저 계산한다.

덧셈과 곱셈이 괄호로 섞여 있는 경우에는 어떻게 계산할까요? 예를 들어

$$3\times(4+2)=3\times6=18$$

$$3\times4+3\times2=12+6=18$$

이므로

$$3\times(4+2)=3\times4+3\times2$$

입니다. 이것은 마치 3을 곱하는 것을 4와 2에 각각 나누어 곱한 다음 더하는 것과 같습니다.

이와 같은 규칙이 모든 자연수에 대하여 성립할까요? 다시 말하면 먼저 더한 다음 곱하는 것은 나누어서 각각 곱한 다음 이들을 더한 값과 항상 같은가요? 예, 다행스럽게도 그렇습니다. 다시 말하면, 임의의 자연수 a, b, c에 대하여

$$a\times(b+c)=a\times b+a\times c$$

가 성립합니다. 이와 같은 성질을 분배법칙이라고 합니다.

한편 두 자연수 a,b 사이에는 크기 관계관계가 있습니다. 다시 말하면 자연수 a,b 사이에는

$$a < b,\ a = b,\ a > b$$

의 세 가지 중의 하나가 성립합니다. 이제 $a < b$인 경우 $b - a$는 자연수이므로, 자연수 c에 대하여

$$(b-a)\times c$$

도 자연수가 됩니다. 그런데 덧셈의 경우와 마찬가지로

$$(b-a)\times c = b\times c - a\times c$$

가 성립합니다. 마찬가지로 $a > b$ 경우에는 $a-b$가 자연수이고

$$(a-b)\times c = a\times c - b\times c$$

가 성립합니다. 또 $a = b$인 경우에도

$$(a-b)\times c = 0\times c = 0$$

이 됩니다. 왜냐하면 아무것도 없는 것을 여러 번 더한다 해도 아무것도 없을 것이기 때문에, 0에 임의의 자연수를 곱한 결과가 0이어야 한다고 약속하는 것이 지극히 자연스럽습니다. 이런 의미에서 자연수의 범위에서 뺄셈이 가능한 경우에는 분배법칙이 성립한다고 할 수 있을 것입니다.

위와 같이 연산의 순서를 정하여 계산하면, 계산의 결과가 하나 밖에 없습니다. 따라서 우리들 사이에 어떤 것을 먼저 계산하여야 하는지 다툴 필요가 없이 서로간의 의사소통을 원만히 할 수 있습니다. 그러기 위해서는 먼저 정해진 약속에 따라 계산을 하여야 합니다.

Chapter 14

나눗셈과 마지막 기적

14 Chapter 나눗셈과 마지막 기적

예수가 십자가에 돌아가시자 예수의 제자들은 낙담하여 각자의 본분으로 돌아가 고향에서 일을 합니다. 그 중 베테랑 어부들인 예수의 제자 7명이 밤새도록 열심히 고기를 잡으려 했지만 한 마리의 고기도 잡지 못하여 실망하고 있었습니다. 그러나 제자들이 허탈해하고 있을 때, 예수님은 잊지 않고 그들에게 다음과 같은 기적의 은혜를 베풉니다. 이 이야기는 <요한복음> 21장에 나타나 있습니다. 이것은 성경에 나타난 예수님의 마지막 기적이기도 합니다.

1 그 후에 예수께 디베랴 바다에서 또 제자들에게 자기를 나타내셨으니 나타내신 일이 이러하니라.
2 시몬 베드로와 디두모라 하는 도마와 갈릴리 가나 사람 나다니엘과 세베대의 아들들과 또 다른 제자들이 함께 있더니[9]
3 시몬 베드로가 나는 물고기 잡으러 가노라 하매 저희가 우리도 함께 가겠다하고 나가서 배에 올랐으나 이 밤에 아무것도 잡지 못하였더니
4 날이 새어갈 때에 예수께서 바닷가에 서셨으니 제자들이 예수 신 줄 알지 못하는지라.

---

9) 세베대의 아들들은 야고보와 야고보의 형제 요한이며. 또 다른 제자들은 안드레와 빌립이었다.

5 예수께서 이르시되 얘들아 너희에게 고기가 있느냐 대답하되 없나이다.
6 가라사대 그물을 배 오른편에 던지라 그리하면 얻으리라 하신대 이에 던졌더니
고기가 많아 그물을 들 수 없더라
7 예수의 사랑하시는 그 제자가 베드로에게 이르되 주시라 하니 시몬 베드로가
벗고 있다가 주라 하는 말을 듣고 겉옷을 두른 후에 바다로 뛰어 내리더라.
8 다른 제자들은 육지에서 상거가 불과 한 오십 간 쯤 되므로 작은 배를 타고 고
기든 그물을 끌고 와서
9 육지에 올라 보니 숯불이 있는데 그 위에 생선이 놓였고 떡도 있더라.
10 예수께서 가라사대 지금 잡은 생선을 좀 가져오라 하신대
11 시몬 베드로가 올라가서 그물을 육지에 끌어 올리니 가득히 찬 고기가 일백
쉰 세 마리라 이같이 많으나 그물이 찢어지지 아니하였더라.
12 예수께서 가라사대 와서 조반을 먹으라 하시니 제자들이 주신 줄 아는 고로
당신이 누구냐 감히 묻는 자가 없더라.
13 예수께서 가셔서 떡을 가져다가 저희에게 주시고 생선도 그와 같이 하시니라.
14 이것은 예수께서 죽은 자 가운데서 살아나신 후에 세 번째로 제자들에게 나타
나신 것이라.

(요한복음 21:1-14)

그물에 가득찬 물고기를 건져내는 예수의 제자들과 예수.
라파엘의 작품(1515)) [26]

예수님의 말씀에 따라 그물을 던진 예수의 제자들은 153 마리의 고기를 잡았습니다. 어부가 7명이었으니까 한 명당 몇 마리를 잡은 셈인가요? 이 물음은 153 마리의 물고기를 7 명에게 어떻게 똑같이 나누어 줄 수 있느냐 입니다. 어떻게 하면 될까요? 먼저 7 사람을 앉혀 놓고 물고기 153 마리를 한 마리씩 한 마리씩 나누어 주는 것입니다.

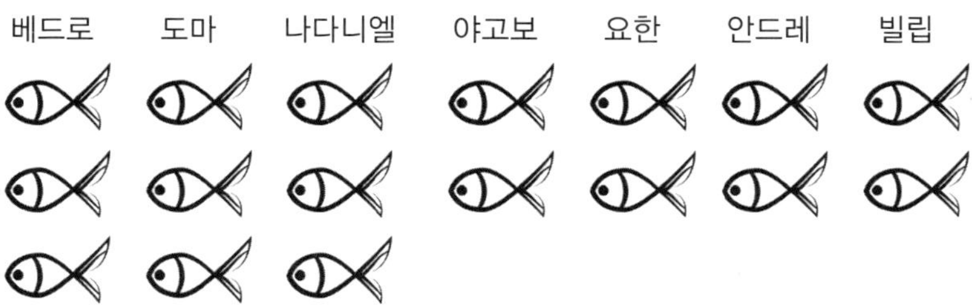

물고기를 각 사람에게 한 마리씩 나누어 준다.

그렇게 하면 각 사람에게 21 마리를 나누어 줄 수 있게 되고 6마리가 남게 됩니다. 따라서 이것을 식으로 나타내면

$$153 = 7 \times 21 + 6$$

이 됩니다. 이때 21은 153을 7로 나누었을 때의 몫이고 6은 나머지라고 말합니다.

위에서 153 마리의 물고기를 7명에게 똑같이 나누어 줄 때 나머지가 있었습니다. 그런데 물건을 나머지 없이 똑같이 나누어 주는 경우를 생각해봅시다. 예를 들어 사탕 15개를 한 사람에게 3개씩 나누어 주려고 하면, 모두 몇 명에게 똑같이 나누어 줄 수 있을까요? 사탕 15개를 3개씩 한 모둠으로 나누어 보면 모두 5 모둠을 만들 수 있습니

다. 따라서 15개를 한 사람에게 3개씩 나누어 주면 5명에게 똑같이 나누어 줄 수 있습니다. 이와 같은 것을 식으로 나타내면

$$15 \div 3 = 5$$

입니다. 이와 같은 식을 나눗셈식이라 하고, 5는 15를 3으로 나눈 몫(quotient)이라고 부릅니다.

나눗셈의 몫은 같은 수를 거듭해서 최대 몇 번을 뺄 수 있느냐와 같습니다. 이를테면 $15 \div 3$은

$$15 - 3 - 3 - 3 - 3 - 3 = 0$$

이므로, 15에서 3을 5번 뺄 수 있습니다. 따라서 $15 \div 3$의 몫은 5입니다.

사실 곱셈이 같은 수를 여러 번 더한 것이라는 것을 기억하면, 곱셈과 나눗셈은 깊은 관계가 있을 것이라는 것을 생각할 수 있습니다. 이들 사이에는 어떤 관계가 있는지 살펴봅시다. 예를 들어 3의 무더기가 5개 있으면 모두

$$3+3+3+3+3=3\times 5=15$$

입니다. 그런데 15를 다시 3으로 나누면 몫이 5라는 것을

$$15 \div 3 = 5$$

와 같이 나타내었습니다. 따라서 몫 5는 3을 몇 번 더하면 15가 되는가 하는 물음

$$3\times x=15$$

을 만족하는 수 x와 같습니다. 그러므로 곱셈과 나눗셈 사이에는 서로 반대의 관계가 있다는 것을 알 수 있습니다.

물고기 153 마리를 7명에게 똑같이 나누어주는 경우와 같이, 일상에서는 나누어떨어지지 않는 경우가 많이 있습니다. 그런데 다른 예로 사탕 9개를 4명에게 똑같이 나누어주는 경우를 생각해 봅시다. 이 경우에는 각 사람에게 2개씩 나누어 주고 1개가 남습니다. 이것을 식으로 나타내면

$$9=4\times 2+1$$

이 됩니다. 이때 9를 피제수(dividend), 2를 제수(divisor), 4를 몫, 1을 나머지(remainder)라고 부르기로 합니다. 또 9를 여러 가지 제수로 나누어 보면 나머지는 항상 제수보다 작거나 같음을 알 수 있습니다.

일반적으로 자연수 a,b에 대하여 피제수를 a, 제수를 b, 몫을 q, 나머지를 r로 나타내면, 위의 식은

$$a=b\times q+r$$

과 같이 나타납니다. 그런데 나머지 r은 $0\le r<b$가 됩니다. 특히 $r=0$인 경우는 나머지가 없이 나누어떨어지는(divisible) 경우입니다. 이와 같은 것을 나눗셈 알고리즘(division algorithm)이라고 한다.

자연수의 나눗셈에서 몫과 나머지가 여러 개가 있다면 큰 혼란이 생기겠지요? 하지만 몫과 나머지가 하나 밖에 없다는 것은 자연수의 성질에 의하여 증명할 수 있습니다. 참 다행입니다.

Chapter 15

배수와 믿음의 열매

15 Chapter 배수와 믿음의 열매

신약성경 <마태복음> 13장에는 농부의 수확에 대한 이야기가 나옵니다. 우리가 잘 아는 다음의 '씨 뿌리는 자'의 비유입니다.

1 그 날 예수께서 집에서 나가사 바닷가에 앉으시매
2 큰 무리가 그에게로 모여 들거늘 예수께서 배에 올라가 앉으시고 온 무리는 해변에 서 있더니
3 예수께서 비유로 여러 가지를 그들에게 말씀하여 이르시되 씨를 뿌리는 자가 뿌리러 나가서
4 뿌릴 새 더러는 길 가에 떨어지매 새들이 와서 먹어버렸고
5 더러는 흙이 얕은 돌밭에 떨어지매 흙이 깊지 아니하므로 곧 싹이 나오나
6 해가 돋은 후에 타서 뿌리가 없으므로 말랐고
7 더러는 가시떨기 위에 떨어지매 가시가 자라서 기운을 막았고
8 더러는 좋은 땅에 떨어지매 어떤 것은 백 배, 어떤 것은 육십 배, 어떤 것은 삼십 배의 결실을 하였느니라
9 귀 있는 자는 들으라 하시니라
10 제자들이 예수께 나아와 이르되 어찌하여 그들에게 비유로 말씀하시나이까
11 대답하여 이르시되 천국의 비밀을 아는 것이 너희에게는 허락되었으나 그들에게는 아니 되었나니
12 무릇 있는 자는 받아 넉넉하게 되되 없는 자는 그 있는 것도 빼앗기리라

13 그러므로 내가 그들에게 비유로 말하는 것은 그들이 보아도 보지 못하며 들어
도 듣지 못하며 깨닫지 못함이니라
14 이사야의 예언이 그들에게 이루어졌으니 일렀으되 너희가 듣기는 들어도 깨닫
지 못할 것이요 보기는 보아도 알지 못하리라
15 이 백성들의 마음이 완악하여져서 그 귀는 듣기에 둔하고 눈은 감았으니 이
는 눈으로 보고 귀로 듣고 마음으로 깨달아 돌이켜 내게 고침을 받을까 두려
워함이라 하였느니라
16 그러나 너희 눈은 봄으로, 너희 귀는 들음으로 복이 있도다
17 내가 진실로 너희에게 이르노니 많은 선지자와 의인이 너희가 보는 것들을 보
고자 하여도 보지 못하였고 너희가 듣는 것들을 듣고자 하여도 듣지 못하였느
니라
18 그런즉 씨 뿌리는 비유를 들으라
19 아무나 천국 말씀을 듣고 깨닫지 못할 때는 악한 자가 와서 그 마음에 뿌려진
것을 빼앗나니 이는 곧 길 가에 뿌려진 자요
20 돌밭에 뿌려졌다는 것은 말씀을 듣고 즉시 기쁨으로 받되
21 그 속에 뿌리가 없어 잠시 견디다가 말씀으로 말미암아 환난이나 박해가 일어
날 때에는 곧 넘어지는 자요
22 가시떨기에 뿌려졌다는 것은 말씀을 들으나 세상의 염려와 재물의 유혹에 말
씀이 막혀 결실하지 못하는 자요
23 좋은 땅에 뿌려졌다는 것은 말씀을 듣고 깨닫는 자니 결실하여 어떤 것은 백
배, 어떤 것은 육십 배, 어떤 것은 삼십 배가 되느니라 하시더라

(마태복음 13: 1 – 23)

중세 시대 씨 뿌리는 정경을 묘사한 네델란드 화가 베닝의 작품 [27]

사실 장사나 농사는 적은 것을 투자하여 많은 것을 얻는 활동입니다. 특히 밀이나 보리, 벼, 옥수수 등은 하나의 씨앗에서 난 싹에서 이삭을 맺어 몇 배의 소득을 거두는 작물입니다. 예를 들어 늦가을에 뿌린 밀알 두 개가 좋은 땅에 뿌려져 싹을 틔운 다음 겨울을 지나 여름에 각 이삭에 60개의 밀알이 달렸다면, 우리는 이것을 60배의 결실을 맺었다고 합니다.

이때 우리가 두 이삭으로부터 얻은 밀알의 개수는

$$2 \times 60 = 120$$

이 됩니다. 이때 120은 2의 60의 배수이며 또 60의 2배이기도 합니다. 한편 120을 2로 나누면 몫이 60으로 나누어떨어지고, 60으로 나누면 몫이 2로 나누어떨어집니다. 이와 같이 어떤 수의 배가 되는 수를 배수(multiple)라 하고, 어떤 수를 나누어떨어지게 하는 수를 약수(divisor)라고 합니다. 예를 들면 120은 2와 60의 배수이며, 2와 60은 120의 약수입니다.

예수는 그의 제자들과 열린 공간에 자발적으로 모인 많은 사람들에게 씨 뿌리는 자에게 닥칠 수 있는 네 가지 상황에 비유하여 천국의 비밀에 대하여 말씀하십니다. 예수께서 말씀하시는 것을 제자들은 잘 알아들었으나, 다른 일반인에게는 어려울 수도 있다는 것을 알고 제자들은 예수께 왜 비유로 말씀하셨는지를 묻고 있습니다. 그런데 예수께서 비유를 택하여 이야기하는 이유도 잘 밝혀두고 있습니다. 하나님의 나라는 믿는 사람에게는 지극히 평범하고 쉬운 일이나, 예수의 말을 믿지 않고 무시하는 사람들에게는 어렵고도 모호한 이야기라고 말입니다.

앞의 씨 뿌리는 농부의 비유도 일상생활에서 일어나는 평범한 이야기입니다. 여기서 씨는 하나님의 말씀이고, 씨 뿌리는 농부는 예수님 자신이거나 선교하는 자를 말하고, 밭은 사람들의 마음을 나타냅니다. 씨가 길가에 뿌려진 것은 듣고도 깨닫지 못하는 사람들로 사탄(유혹)의 먹잇감이 되기가 쉽다는 말입니다. 또 씨가 돌밭에 뿌려진다는 것은 말씀을 좋은 것으로 여기나 좋은 것을 오래 지속하여 지키지 못해 곧 버리는 것과 같습니다. 따라서 믿음의 뿌리가 약해 시련이나 박해가 오면 곧 의지가 무너져 온전한 열매가 열리지 않습니다. 한편 가시덤불에 뿌려진 씨는 앞의 경우보다 상황은 좀 낫습니다. 왜냐하면 적어도 땅속에 뿌리는 내리니까요. 그러나 세상의 염려들과 재물에 대한 욕심이 믿음이 자라는 것을 방해합니다. 결과적으로 많은 열매를 맺지 못하게 됩니다. 마지막으로 좋은 밭에 뿌려진 씨는 앞의 경우와는 달리 한마디로 풍성한 열매를 거둡니다. 이런 좋은 밭은 말씀을 듣고 이해하는 지혜로운 자이며, 듣고 배운 대로 생활에서 적용(연습)하는 열매를 맺습니다. 그러나 모두가 같은 정도의 열매를 맺는 것은 아닙니다. 예수는 제자들에게 선교의 씨앗을 뿌릴 것을 <마태복음>에서 다음과 같이 부탁합니다. 선교는 씨앗과 같이 작은 것에서 시작하지만 그 열매는 풍성합니다.

18 예수께서 나아와 말씀하여 이르시되 하늘과 땅의 모든 권세를 내게 주셨으니
19 그러므로 너희는 가서 모든 민족을 제자로 삼아 아버지와 아들과 성령의 이름으로 세례를 베풀고
20 내가 너희에게 분부한 모든 것을 가르쳐 지키게 하라 볼지어다 내가 세상 끝날까지 너희와 항상 함께 있으리라 하시니라

(마태복음 28: 18 – 20)

가난한 사람들이 추수한 후에 간절한 마음으로 이삭을 주어 생활하는 모습을 그린 밀레의 〈이삭 줍는 여인들(1857)〉. 선교도 이와 같을 것이다. [28]

어쩌면 수학 공부도 마찬가지입니다. 학년이 올라갈수록 수학의 내용이 기호를 사용하게 되므로, 기호의 내용을 이해하지 못하면 수학이 어려운 것처럼 느껴지기 시작합니다. 이런 이유로 수학의 뿌리가 약해져서 수학의 열매를 맺기가 어려워집니다. 우리의 마음 밭을 수학이 잘 자랄 수 있도록 가꾸어야 합니다. 그러기 위해 우리는 수학을 매일 배우고 익혀 많은 열매를 맺을 수 있도록 꾸준히 노력해야합니다. 풍성한 수확을 거두기 위해 농부가 씨를 뿌리고 수확할 때까지 농작물에서 눈을 떼지 않고 기르듯이 말입니다. 그러면 수학이 쉬워지고 재미있어지고 또 수학을 통해서 많은 것을 얻을 수 있습니다.

Chapter 16

약수와 배수 그리고 배상액

16 Chapter 약수와 배수 그리고 배상액

자연수의 곱셈과 나눗셈 사이의 관계에서 배수와 약수에 대하여 알아보았습니다. 그런데 배수와 약수에 대하여 알아보는 것이 왜 필요할까요? 배수와 약수를 이용할 수 있는 것이 수학에서뿐만 아니라 일상에서도 많이 있지만 간단한 몇 가지의 예를 들어보겠습니다.

먼저 구약성경의 <출애굽기>를 보면 사람들 사이에서 일어나는 경제적 배상에 관한 내용을 담고 있습니다. 이것을 보면 현재 우리가 매매 계약을 하였을 때 계약을 어긴 사람이 계약액의 두 배를 지불하는 관례가 옛날에도 있었음을 알 수 있습니다.

> **7** 사람이 돈이나 물품을 이웃에게 맡겨 지키게 하였다가 그 이웃집에서 도둑을 맞았는데 그 도둑이 잡히면 갑절을 배상할 것이요
> **8** 도둑이 잡히지 아니하면 그 집 주인이 재판장 앞에 가서 자기가 그 이웃의 물품에 손 댄 여부의 조사를 받을 것이며
> **9** 어떤 잃은 물건 즉 소나 나귀나 양이나 의복이나 또는 다른 잃은 물건에 대하여 어떤 사람이 이르기 를 이것이 그것이라 하면 양편이 재판장 앞에 나아갈 것이요 재판장이 죄 있다고 하는 자가 그 상대편에게 갑절을 배상할지니라.
>
> (출애굽기 22:7 – 9)

1999년 멜 깁슨 주연의 영화 〈Payback〉의 포스터 [29]

위에서 '갑절의 배상'은 약간 모호한 면이 있습니다. 왜냐하면 소나 나귀의 '갑절'이라고 말할 때 똑같은 것은 있을 수가 없기 때문입니다. 물론 이러한 모호함을 없애기 위하여 소나 나귀를 다른 공통된 잣대, 이를 테면 가격으로 환산하여 계산하였을 것입니다. 이와 같이 우리가 사용하는 일상용어는 분명하지 않은 점이 있습니다. 그러나 수학은 분명합니다.

이제 수학에서의 예를 들어봅시다. 길이가 1인 정사각형 모양의 색종이 12장을 남김없이 사용하여 여러 가지 직사각형을 만들 때, 만들 수 있는 경우는 몇 가지가 있는지 알아봅시다. 넓이가 1인 정사각형이 12개 이므로 만들어진 직사각형의 넓이는 12가 되어야만 합니다. 따라서 직사각형의 넓이가 12가 되는 경우는

$$12\times1,\quad 6\times2,\quad 4\times3,\quad 3\times4,\quad 2\times6,\quad 1\times12$$

뿐이므로, 만들 수 있는 직사각형은 모두 3가지입니다. 아니 여섯 가지가 아니고 왜 세 가지 뿐이냐구요? 사실 이것을 설명하기는 수학적으로 좀 어려운 내용이 들어 있습니다. 그러나 직관적으로 가로와 세로가 각각 4, 3인 직사각형을 돌리면 가로와 세로가 각각 3, 4인 직사각형이 되므로 이 두 개를 같은 것으로 보면 그렇다는 말입니다. 어쨌든 위의 사실에서

$$12 = 12 \times 1, \quad 12 = 6 \times 2, \quad 12 = 4 \times 3$$

이므로, 12의 약수는 1, 2, 3, 4, 6, 12입니다. 다시 말하면 12는 1, 2, 3, 4, 6, 12의 배수가 됩니다.

앞에서는 주어진 넓이를 같은 도형으로 빈틈없이 덮는 활동을 해보았습니다. 이제 넓이가 아니라 도형이 주어지면 어떨까요? 사실 주어진 도형을 같은 모양의 도형으로 빈틈없이 덮는 것을 타일 깔기(tesselation)라고 합니다. 이 타일 깔기는 우리 생활에서도 많이 적용됩니다. 예를 들어, 가로가 4, 세로가 3인 바닥을 길이가 1인 정사각형의 타일로 덮는 방법은 몇 가지일까요? 이 경우에도 3가지인가요? 아닙니다. 한 가지 뿐입니다. 왜 그렇지요? 바닥의 넓이는 이전과 똑같이 12인데 말입니다.

앞에서는 한 수의 약수의 활용에 대하여 알아보았습니다. 이제 다른 예로, 사과 8개와 귤 12개를 각 접시에 똑같이 나누려면 몇 개의 접시가 필요한지를 알아봅시다. 먼저 다음과 같은 표를 만들 수 있습니다. 여기서 기호 x는 똑같이 나눌 수 없는 경우를 뜻합니다.

접시(개)	1	2	3	4	4	6	7	8	9	10	11	12
사과(개)	12	6	4	3	x	2	x	x	x	x	x	1
귤(개)	8	5	x	2	x	x	x	1	x	x	x	x

12와 8의 약수

위의 표를 보면 사과와 귤을 똑같이 접시에 담을 수 있는 접시의 개수는

1, 2, 4

인 것을 알 수 있습니다. 이는

12의 약수 ①, ②, 3, ④, 6, 12

와

8의 약수 ①, ②, ④, 8

중에 공통적으로 들어가 있는 수들입니다. 이와 같이 두 수의 공통인 약수를 공약수(common divisor)라고 부릅니다. 또 공약수 중에서 가장 큰 공약수를 최대공약수(greatest common divisor)라고 합니다. 예를 들어, 12와 8의 공약수 중에서 가장 큰 수는 4이므로, 12와 8의 최대공약수는 4입니다.

그런데 여기서 4는 사과 12개와 배 8개를 똑같이 나누어 담을 수 있는 접시의 최대 수입니다. 즉 사과 12개와 배 8개를 똑같이 나누어 주려면 최대 4 사람에게 나누어 줄 수 있다는 것을 의미합니다. 이와 같이 공약수 중에서 가장 큰 최대공약수는 두 물건을 같게 나누는 방법을 찾는 데에도 적용됩니다.

그렇다면 어떻게 하면 최대공약수를 쉽게 구할 수 있을까요? 두 수의 최대공약수를 구할 때는 물론 위와 같이 두 수의 공약수를 구하고 그 중에서 가장 큰 수를 찾아 최대공약수를 구하면 됩니다. 한편 두 수를 각각 약수의 곱으로 표현하고 공약수의 곱을 찾으면 최대공약수를 쉽게 찾을 수 있습니다.

예를 들면 12와 30의 최대공약수를 구하기 위하여, 두 수를 약수의 곱으로 각각 나타내면

$$12 = 4 \times 3, \quad 30 = 6 \times 5$$

입니다. 그런데 여기서는 공약수가 쉽게 보이지 않습니다. 그러나 12와 30을 다시

$$12 = 2 \times 2 \times 3, \qquad 30 = 2 \times 3 \times 5$$

으로 나타내면, 이들에 공통적으로 들어가 있는 최대의 수는 $2 \times 3 = 6$입니다. 이것이 바로 우리가 구하는 12와 30의 최대공약수입니다. 다시 말하면 주어진 수를 가능하면 작은 약수들의 곱으로 나타내고 이들의 공약수를 찾으면 됩니다. 작은 약수들에 대하여는 다음에 이야기할 기회가 있을 것입니다.

공약수가 두 물건을 똑같이 나누는 데 중요하게 활용되었습니다. 그런데 때로는 두 수의 배수 중에서 같이 들어가 있는 배수가 중요한 정보를 주는 경우도 있습니다. 예를 들면 "어느 버스 정류장에 한 버스는 2분마다 도착하고 다른 버스는 3분마다 도착한다고 할 때, 두 버스가 동시에 도착하는 경우는 몇 분 만인가요?"하는 것은 버스 정류장의 교통량을 계산하는 데 중요한 요소가 됩니다. 이 물음에 답하기 위하

여 2의 배수와 3의 배수를 나열하면 아래 표와 같습니다.

2의 배수	2	4	6	8	10	12	14	16	18	...
3의 배수	3	6	9	12	15	18	21	24	27	...
배수가 겹치는 경우			6	12	18	...				

2와 3의 배수

위의 표를 보면 2와 3의 배수가 동시에 되는 수는 6, 12, 18, ... 이라는 것을 알 수 있습니다. 그런데 6, 12, 18, ...은 모두 6의 배수입니다. 그러므로 매 6분마다 두 대의 버스가 같은 정류장에서 만난다는 것을 알 수 있습니다.

다시 말하면 6, 12, 18, ... 등은 2의 배수이며 동시에 3의 배수입니다. 이와 같이 두 수의 공통인 배수를 공배수(common multiple)라고 합니다. 특히 공배수 중에서 가장 작은 공배수를 최소공배수(least common multiple)라고 부릅니다. 최소공배수를 알면 나머지 공배수는 모두 최소공배수의 배수가 되므로 최소공배수를 구하는 것이 특히 중요합니다. 예를 들어 2와 3의 최소공배수는 6입니다.

두 수의 최소공배수를 어떻게 구할 수 있을까요? 물론 앞에서와 같이 각각의 배수를 늘어놓고 공통적으로 들어가는 배수 중에서 가장 작은 배수를 찾으면 됩니다. 그러나 어떤 경우에는 배수를 모두 늘어놓은 다음 공배수를 구하는 것이 번거로울 때가 있습니다. 이런 경우 다음과 같이 두 수의 공약수를 이용하여 최소공배수를 구할 수 있습니다.

예를 들어 12와 30의 최소공배수를 구하여 봅시다. 그런데 12와 30을 약수의 곱으로 나타내면

$$12 = 2 \times 2 \times 3, \qquad 30 = 2 \times 3 \times 5$$

이므로, 12와 30의 약수 중에 공통인 약수와 겹치지 않은 약수를 모두 곱하면

$$2 \times 2 \times 3 \times 5 = 60$$

이 됩니다. 이것이 12와 30의 최소공배수가 됩니다.

다른 방법으로는 아래와 같이 1이 아닌 공약수로 계속하여 나누어 갑니다.

$$\begin{array}{r|cc} 2) & 2 & 30 \\ \hline 3) & 6 & 5 \\ \hline & 2 & 5 \end{array}$$

즉 위의 나눗셈에서 세로의 2와 3은 각각 12와 30의 공약수이고, 가로의 2와 5는 각각 12와 30을 공약수 6으로 나눈 몫이 됩니다. 이때 공약수 2와 3의 곱 6은 최대공약수가 되며, 최대공약수와 최대공약수로 나눈 각각의 몫 2와 5의 곱

$$6 \times 2 \times 5 = 60$$

이 12와 30의 최소공배수가 됩니다. 최소공배수는 나중에 분수의 계산에서도 중요하게 사용될 것입니다.

Chapter 17

분수와 십일조

17 Chapter 분수와 십일조

지금까지는 자연수가 어떻게 만들어지고 어떤 성질을 가지고 있는지 알아보았습니다. 더욱이 자연수의 덧셈, 뺄셈, 곱셈과 나눗셈에 대하여 자유롭게 계산할 수 있는 것과 계산할 수 없는 것, 나누어떨어지는 것과 그렇지 않은 것, 배수와 약수의 성질에 대하여 알아보았습니다. 특히 자연수는 물건을 세는 것을 추상화하는 과정으로부터 나왔다는 것을 알 수 있었습니다.

그러면 일상생활에서 자연수로 개수만 계산하고 살아가는데 충분한가요? 아니요. 자연수만 가지고서는 충분하지 않습니다. 왜냐하면 우리는 물건의 개수를 세는 것 이외에도 주어진 길이나 넓이, 무게, 시간 등을 나타낼 필요가 생겼고, 그것도 점점도 정밀하게 표현할 방법이 필요하게 되었습니다. 예를 들면 '사과 반쪽'이라고 할 때, 반쪽을 어떻게 나타내야 처음 하나에 비추어 잘 나타내게 될까 하는 문제가 발생합니다. 따라서 자연수만 가지고서 자유롭게 나타내지 못했던 작은 것까지도 자연스럽고 의미 있게 나타내고 셈하기 위해서는 자연수의 범위를 확대할 필요가 있습니다.

다음은 우리 일상생활과 밀접한 작은 단위가 도입되는 <창세기> 28장 속의 이야기입니다.

10 야곱이 브엘세바에서 떠나 하란으로 향하여 가더니
11 한 곳에 이르러는 해가 진지라 거기서 유숙하려고 그 곳의 한 돌을 가져다가 베개로 삼고 거기 누워 자더니
12 꿈에 본즉 사닥다리가 땅 위에 서 있는데 그 꼭대기가 하늘에 닿았고 또 본즉 하나님의 사자들이 그 위에서 오르락내리락 하고
13 또 본즉 여호와께서 그 위에 서서 이르시되 나는 여호와니 너의 조부 아브라함의 하나님이요 이삭의 하나님이라 네가 누워 있는 땅을 내가 너와 네 자손에게 주리니
14 네 자손이 땅의 티끌 같이 되어 네가 서쪽과 동쪽과 북쪽과 남쪽으로 퍼져나갈 지며 땅의 모든 족속이 너와 네 자손으로 말미암아 복을 받으리라
15 내가 너와 함께 있어 네가 어디로 가든지 너를 지키며 너를 이끌어 이 땅으로 돌아오게 할지라 내가 네게 허락한 것을 다 이루기까지 너를 떠나지 아니하리라 하신지라
16 야곱이 잠이 깨어 이르되 여호와께서 과연 여기 계시거늘 내가 알지 못하였도다
17 이에 두려워하여 이르되 두렵도다 이곳이여 이것은 다름 아닌 하나님의 집이요 이는 하늘의 문이로 다 하고
18 야곱이 아침에 일찍이 일어나 베개로 삼았던 돌을 가져다가 기둥으로 세우고 그 위에 기름을 붓고
19 그 곳 이름을 벧엘이라 하였더라 이 성의 옛 이름은 루스더라
20 야곱이 서원하여 이르되 하나님이 나와 함께 계셔서 내가 가는 이 길에서 나를 지키시고 먹을 떡과 입을 옷을 주시어
21 내가 평안히 아버지 집으로 돌아가게 하시오면 여호와께서 나의 하나님이 되실 것이요
22 내가 기둥으로 세운 이 돌이 하나님의 집이 될 것이요 하나님께서 내게 주신 모든 것에서 십분의 일을 내가 반드시 하나님께 드리겠나이다 하였더라

(창세기 28:10 – 22)

1534년 루터 성경에 나타난 〈야곱의 꿈〉 [30]

쌍둥이 중 동생인 야곱이 형 에서의 장자의 권리를 팥죽 한 그릇에 산 다음, 아버지 이삭을 속여 장자에게 주는 축복마저 가로채고 난 후 아버지와 형이 무서워 도망갔던 것을 기억하시지요? 그런데 그 축복은 무조건이 아니었고 조건이 있는 축복이었습니다. 즉 이방인인 가나안 사람이 아닌 동족의 여인을 아내로 맞이하는 것이었습니다. 그러나 축복은 쉽게 이루어지지 않았습니다. 야곱은 축복의 조건을 이루기 위해 멀리 외삼촌 라반의 집에서 오랫동안 힘들게 일을 해야만 했습니다. 아마 이것은 팥죽 한 그릇에 형으로부터 장자권을 사고 아버지를 속이고 장자의 축복을 가로챈 대가일 수도 있습니다. 어쨌든 야곱은 대가를 치르고 많은 재산과 자녀를 얻게 되었고 이제는 고향으로 돌아오고 있는 중입니다.

그러나 야곱은 아직 불안합니다. 형의 복수를 어떻게 피할 것이며, 어떻게 가족을 지킬 것인가를 고민하며 광야를 지나옵니다. 긴 여정 중에 하루는 딱딱한 돌베개를 베고 잠을 청합니다. 그런데 잠자리는 불편하지만 생애 최고의 잠을 이룹니다. 꿈속에서 본즉 하늘과 땅 사이에 사다리가 놓여있고 위쪽에는 하나님이 있고 하나님의 사자들이 사다리를 오르락내리락 합니다. 이것을 우리는 '야곱의 꿈'이라고 부르지요.

이것은 하나님이 우리를 혼자 내버려두지 아니하고, 우리를 지켜보시는 하나님의 섭리를 나타내고 있습니다. 또한 우리를 위해 하늘과 땅을 잇는 사다리 즉 우리의 중보자인 예수 그리스도를 예비하셨음을 보여주고 계십니다. 왜냐하면 우리는 하늘에 직접 오를 수 없기 때문입니다. 단지 사다리인 예수 그리스도를 통해서만 가능하다는 것을 말합니다. 더욱이 야곱에게는 큰 약속을 하나님께서 해 주십니다. 하나는 땅에 대한 약속이고, 또 하나는 자손의 번성에 대한 축복이며, 마지막으로는 하나님이 늘 함께하시겠다는 약속입니다. 이만하면 잠자리가 불편해도 우리도 야곱과 같은 꿈을 꾸고 싶지 않겠어요?

하나님의 약속을 얻은 야곱에게는 모든 근심이 사라졌습니다. 그저 하나님을 믿기만 하면 되니까요. 그런 감격에 야곱은 베개로 삼았던 돌을 기둥처럼 세우고 기름을 붓고 예배를 합니다. 왜냐하면 아브라함이 가나안에 들어가면서 하나님의 제단을 쌓고 장막을 쳤던 것과는 달리 야곱은 여행 중이라 그럴 시간이 없었습니다. 그러나 야곱은 하나님의 언약의 은혜에 감사함으로 약속을 하게 되죠. 이곳으로 다시 돌아와 하나님의 성전을 쌓을 것과 자신의 소득의 십분의 일을 하나님께 바칠 것을 약속합니다.

기독교에서는 야곱이 자신의 수입 중에서 십분 일을 하나님께 드린 믿음을 본받아 자신의 수입의 십분의 일을 헌금으로 드립니다. 우리는 이것을 십일조라고 부릅니다. 그런데 십일조라고 하면 마치 세금과 같은 생각이 들어 조금 아까운 생각이 들 때도 많이 있습니다. 살다보면 우리가 사용할 곳이 많거든요. 금전적 수입이 없으면 어떻게 하나요? 수입이 없으니 드릴 것도 없겠네요. 그러나 십일조는 반드시 금전만을 의미하지 않습니다. 우리에게 주어진 시간과 재능 등 모든 것이 해당됩니다. 사실은 십일조뿐만 아니라 나머지 십의 구도 우리 것이 아닙니다. 하나님이 허락하지 않으시면 아무 것도 없습니다. 우린 잠시 세상에 사는 동안 하나님이 예비하여 주신 것을 빌려 쓰고 가는 것이니까요.

그런데 여기서 '십분 일'이란 무엇을 의미하는가요? 십분 일을 한자로 나타내면 十分 一입니다. 이때 分은 나눈다는 뜻이므로, 십분 일은 어떤 것을 열로 나눈 몫 중의 하나라는 뜻입니다. 예를 들어 한 해에 야곱의 양이 50마리가 늘었다면 50마리를 열로 나누었을 때의 한 몫은

$$50 \div 10 = 5$$

입니다. 이와 같이 자연수를 나눈 몫이 자연수로 나누어떨어질 때는 앞에서 다룬 자연수의 나눗셈을 하면 됩니다.

그런데 어떤 수를 5로 나누었을 때의 나머지 1과 10으로 나누었을 때의 나머지 1은 같은 것일까요? 만약 나머지가 사과 1개라면 그 1은 같은 것이 되겠지요. 그러나 남은 1개를 쪼개어 5사람에게 똑같이 나누어 줄 때와 10으로 나누어 똑같이 줄 때 한 사람에게 돌아가는 작은 한 쪽의 크기는 다르겠지요? 그렇다면 나머지를 나누는 수(제수)와 비교하여 얼마나 큰지를 나타내는 방법이 필요하겠군요. 어떻게 나타낼 수 있을까요?

우리 속담의 '어려울 때는 콩 하나라도 같이 반쪽으로 나누어 먹어라.'라고 할 때, 콩 하나에 비하여 반쪽을 어떻게 나타내야 하는가하는

문제가 생깁니다. 즉 하나를 1로 나타낼 때, 그 반쪽을 어떻게 나타내야 하는가 하는 문제입니다. 반쪽은 하나를 둘로 나눈 것의 한 부분이므로 1을 2로 나눈 것 중의 하나라는 뜻을 담은 기호가 필요합니다. 이와 같은 필요에 의하여 분수가 도입됩니다. 이때 1을 2, 3, 4, ...개로 똑같이 나눈 것 중 한 부분을 각각

$$\frac{1}{2},\quad \frac{1}{3},\quad \frac{1}{4},\cdots$$

와 같이 나타내기로 약속합니다. 또 1을 4등분 한 것 중 두 부분을 $\frac{2}{4}$, 세 부분을 $\frac{3}{4}$, 네 부분을 $\frac{4}{4}$로 나타내기로 합니다. 이것을 4분의 2, 4분의 3, 4분의 4라고 읽습니다. 그러면 십일조는 십분의 일이므로 $\frac{1}{10}$과 같이 나타내면 되겠네요. 또 기호 – 의 아래에 있는 수를 분모, 위에 있는 수를 분자라고 부릅니다. 예를 들어 분수 $\frac{1}{10}$의 분모는 10이고 1은 분자입니다.

이와 같이 분수를 사용하면 1보다 작은 수도 자유롭게 간단히 나타낼 수 있습니다.

Chapter 18

분수의 덧셈과 여호수아의 분배

18 Chapter
분수의 덧셈과 역호수와의 분배

자연수의 덧셈과 뺄셈, 곱셈과 나눗셈에 대하여는 잘 알고 있습니다. 그런데 앞에서 1보다 작은 수의 필요성이 나타나 자연수의 집합보다 큰 분수의 집합을 만들었습니다. 이제 우리에게는 분수들끼리의 덧셈과 뺄셈, 곱셈과 나눗셈은 어떻게 하나하는 호기심이 자연스럽게 생깁니다. 과연 어떻게 하면 될까요?

우리가 아는 계산방법은 자연수에 관한 것뿐입니다. 그렇다면 자연수의 계산방법을 분수의 계산에 적용해보는 것이 아주 자연스런 생각이겠지요? 분수의 덧셈에서 분모가 같은 경우에는 분모를 그대로 두고 분자끼리만 더하면 됩니다. 예를 들어 사과 4분의 1쪽을 가지고 있는데 4분의 1쪽을 더 얻으면, 사과 4분의 1쪽짜리 두 개를 가지고 있는 셈이 되지요? 이것을 분수를 사용하여 기호로 나타내면

$$\frac{1}{4}+\frac{1}{4}=\frac{1+1}{4}=\frac{2}{4}$$

가 됩니다.

한편 사과 4분의 1쪽짜리 2개를 가지고 있으면 결과적으로 사과 반쪽을 가지고 있는 것과 같습니다. 이것을 식으로 나타내면

$$\frac{2}{4}=\frac{1}{2}$$

입니다. 여기에는 어떤 원리가 숨어 있을까요? 사실

$$\frac{2}{4}=\frac{2}{2\times2}$$

이므로, 분자와 분모에 공통적으로 들어가 있는 약수 즉 공약수로 분자와 분모를 각각 나누면

$$\frac{2}{4}=\frac{2}{2\times2}=\frac{1}{2}$$

이 됩니다. 이와 같이 분자와 분모를 공약수로 각각 나누는 것을 약분한다고 합니다. 그러면 분수를 좀 더 간단한 분수로 나타낼 수 있습니다.[10)]

그런데 분모가 서로 다른 경우의 덧셈은 어떻게 하면 될까요? 분모가 다른 경우는 분모가 같은 경우와 같이 분자끼리만 더하면 안 됩니다. 왜냐하면 사과 $\frac{1}{4}$쪽과 $\frac{1}{8}$쪽을 더하면 $\frac{2}{4}$쪽도 아니고 $\frac{2}{8}$쪽도 아니므로, 이 경우 분자끼리만 더하는 분수의 덧셈은 자연스럽지 않습니다.

$$\frac{1}{4}+\frac{1}{8}\neq\frac{1+1}{4}=\frac{2}{4}$$

$$\frac{1}{4}+\frac{1}{8}\neq\frac{1+1}{8}=\frac{2}{8}$$

10) 공약수로 더 이상 나눌 수 없는 분수를 기약분수라고 합니다.

그렇다면 어떻게 하지요? 앞에서 우리는 분모가 같은 경우의 덧셈을 하는 방법을 알고 있습니다. 이 방법을 사용하려면 분모가 다른 두 분수를 분모가 같은 분수로 나타내면 되겠네요. 예를 들어

$$\frac{1}{4}=\frac{2}{8}$$

이므로, 두 분수의 분모를 같게 만들 수 있습니다. 이때 같은 두 분모를 공통분모라고 부르지요. 그런데 이와 같이 분모를 같게 만드는 과정을 간단히 이것을 통분이라고도 합니다. 통분을 하면, 분모가 같은 분수의 덧셈 방법에 따라

$$\frac{1}{4}+\frac{1}{8}=\frac{2}{8}+\frac{1}{8}=\frac{2+1}{8}=\frac{3}{8}$$

이 됩니다.

분모의 최소공배수를 이용하여 통분하고 덧셈을 할 수도 있으나, 다음과 같이 서로의 분모를 곱하여 공통분모를 만들어 계산할 수도 있습니다. 예를 들면, 분모 6과 4의 최소공배수 12를 이용하여

$$\begin{aligned}\frac{1}{6}+\frac{3}{4}&=\frac{1\times2}{6\times2}+\frac{3\times3}{4\times3}\\&=\frac{2}{12}+\frac{9}{12}\\&=\frac{11}{12}\end{aligned}$$

과 같이 통분하여 계산하거나, 서로의 분모를 곱하여

$$\frac{1}{6}+\frac{3}{4}=\frac{1\times4}{6\times4}+\frac{3\times6}{4\times6}$$

$$= \frac{4}{24} + \frac{18}{24}$$

$$= \frac{22}{24}$$

$$= \frac{11}{12}$$

와 같이 통분하여 계산합니다.

분수의 덧셈을 통분하여 계산한 것과 같이, 분수의 뺄셈도 통분을 이용합니다. 예를 들어

$$\frac{3}{4} - \frac{1}{6} = \frac{9}{12} - \frac{2}{12} = \frac{9-2}{12} = \frac{7}{12}$$

와 같이 계산하면 됩니다. 이제 덧셈의 원리만 알면 뺄셈은 같은 원리로 하면 된다는 것을 알 수 있겠지요?

사실 분모가 같은 두 분수의 덧셈은 자연수의 덧셈에서와 같이 분자들끼리 더하면 됩니다. 이와 같은 일은 구약성경의 <여호수아>에서도 나타나 있습니다.

1 이스라엘 자손의 온 회중이 실로에 모여서 거기에 회막을 세웠으며 그 땅은 그들 앞에서 돌아와 정복되었더라
2 그러나 이스라엘 자손 중에 그 기업의 분배를 받지 못한 자가 아직도 일곱 지파라
3 여호수아가 이스라엘 자손에게 이르되 너희가 너희 조상의 하나님 여호와께서 너희에게 주신 땅을 점령하러 가기를 어느 때까지 지체하겠느냐
4 너희는 각 지파에 세 사람씩 선정하라 내가 그들을 보내리니 그들은 일어나서

그 땅에 두루 다니며 그들의 기업에 따라 그 땅을 그려 가지고 내게로 돌아올
것이라
5 그들이 그 땅을 일곱 부분으로 나누되 유다는 남쪽 자기 지역에 있고 요셉의
족속은 북쪽에 있는 그들의 지역에 있으니
6 그 땅을 일곱 부분으로 그려서 이 곳 내게로 가져오라 그러면 내가 여기서 너
희를 위하여 우리 하나님 여호와 앞에서 제비를 뽑으리라
7 레위 사람은 너희 중에 분깃이 없나니 여호와의 제사장 직분이 그들의 기업이
됨이며 갓과 르우벤과 므낫세 반 지파는 요단 저편 동쪽에서 이미 기업을 받았
나니 이는 여호와의 종 모세가 그들에게 준 것이니라 하더라
8 그 사람들이 일어나 떠나니 여호수아가 그 땅을 그리러 가는 사람들에게 명령
하여 이르되 가서 그 땅으로 두루 다니며 그것을 그려 가지고 내게로 돌아오라
내가 여기 실로의 여호와 앞에서 너희를 위하여 제비를 뽑으리라 하니
9 그 사람들이 가서 그 땅으로 두루 다니며 성읍들을 따라서 일곱 부분으로 책에
그려서 실로 진영에 돌아와 여호수아에게 나아오니
10 여호수아가 그들을 위하여 실로의 여호와 앞에서 제비를 뽑고 그가 거기서 이
스라엘 자손의 분파대로 그 땅을 분배하였더라.

(여호수아 18: 1- 10)

이스라엘 12지파의 지분을 나타내는 지도 [31]

위의 이야기는 모세의 후계자인 여호수아가 이스라엘 백성들을 가나안 땅으로 인도한 후, 12지파 중 아직까지 지분을 받지 못한 일곱 지파에게 여호와 앞에서 제비를 뽑아 공평하게 땅을 나누어주는 장면입니다. 왜냐하면 여호와는 각 지파에 대한 공평한 분배를 약속했기 때문입니다. 다음은 공평한 분배에 대하여 구약성경의 <에스겔>에 나타난 내용입니다.

14 내가 옛적에 내 손을 들어 맹세하여 이 땅을 너희 조상들에게 주겠다고 하였나니 너희는 공평하게 나누어 기업을 삼으라. 이 땅이 너희의 기업이 되리라
(에스겔 47:14)

사실 이스라엘의 지분을 나누는 방법은 특이합니다. 절대적으로 같은 넓이의 땅을 나누어주는 것이 아니라, 땅의 비옥한 정도나 지파의 인구수와 지파의 능력을 감안하여 공평하게 나누어 줍니다. 그러니까 전체를 1이라고 볼 때에 각 지파가 공평하게 나누어 갖는다면 각 지파는 $\frac{1}{12}$를 가지고 갑니다. 그러므로 이미 분배받은 다섯 지파를 제외한 나머지 일곱 지파가 소유하게 되는 땅은 $\frac{7}{12}$가 됩니다. 전체적으로는

$$\frac{5}{12}+\frac{7}{12}=\frac{5+7}{12}=\frac{12}{12}=1$$

이 됩니다.

Chapter 19

분수의 곱셈과 제사장의 몫

Chapter 19 분수의 곱셈과 제사장의 몫

자연수와 자연수의 곱셈은 같은 수를 여러 번 더하는 동수누가의 방법을 이용하여 구할 수 있었습니다. 이와 마찬가지로 분수와 자연수의 곱셈도 동수누가의 법칙을 이용하여 구할 수 있습니다. 예를 들면

$$\begin{aligned}\frac{3}{8}\times 5 &= \frac{3}{8}+\frac{3}{8}+\frac{3}{8}+\frac{3}{8}+\frac{3}{8}\\ &= \frac{3+3+3+3+3}{8}\\ &= \frac{3\times 5}{8}\\ &= \frac{15}{8}\end{aligned}$$

입니다. 즉 분수와 자연수의 곱은 분자에 곱하는 자연수를 곱하여 그 값을 구하는 것과 같습니다.

그런데 순서를 바꾸어 자연수와 분수의 곱셈은 위와 같이 깔끔하게 설명이 되지 않습니다. 왜냐하면 $5\times\frac{1}{8}$에서 5를 $\frac{1}{8}$번 곱한다는 것의

의미가 명확하지 않기 때문입니다. 그렇지만

$$\frac{1}{8}\times 5=\frac{5}{8}=5\div 8$$

이므로, 5를 8로 나눈다는 것을 5에다 $\frac{1}{8}$을 곱하는 것으로 약속합시다. 다시 말하면 어떤 수에 $\frac{1}{8}$을 곱한다는 것을 어떤 그 수를 8로 나누는 것으로 생각한다고 약속하는 것입니다. 그러면

$$\frac{1}{8}\times 5=\frac{5}{8}=5\times\frac{1}{8}$$

이 됩니다. 이와 같이 곱셈에 대한 교환법칙이 성립하면 자연수와 분수의 곱셈을 쉽게 계산할 수 있습니다.

이제 분수와 분수의 곱셈에 대하여 알아봅시다. 먼저 단위분수와 단위분수의 곱셈에 대하여 알아봅시다. 단위분수의 곱셈 $\frac{1}{4}\times\frac{1}{2}$는 $\frac{1}{4}\div 2$와 같으므로, $\frac{1}{4}\times\frac{1}{2}$은 어떤 것을 네 조각으로 등분한 것 중의 하나를 다시 이등분한 것과 같습니다. 다시 말하면 $\frac{1}{4}\times\frac{1}{2}$은 전체를 여덟 등분한 것 중의 하나입니다. 따라서

$$\frac{1}{4}\times\frac{1}{2}=\frac{1}{8}$$

입니다. 이것은 전체를 두 분모의 곱으로 나눈 것 중의 하나로

$$\frac{1}{4}\times\frac{1}{2}=\frac{1}{4\times 2}=\frac{1}{8}$$

와 같이 얻어진 것과 같습니다.

이러한 사실과 자연수와 단위분수의 곱셈에 대한 결합법칙과 교환법칙을 이용하면, 두 분수의 곱셈의 결과를 얻을 수 있습니다. 예를 들면

$$\frac{5}{6}\times\frac{3}{10}=\left(\frac{1}{6}\times 5\right)\times\left(\frac{1}{10}\times 3\right) \qquad \text{분수의 정의}$$

$$=\left(5\times\frac{1}{6}\right)\times\left(3\times\frac{1}{10}\right) \qquad \text{곱셈에 대한 교환법칙}$$

$$=(5\div 6)\times(3\div 10) \qquad \text{분수의 성질}$$

$$=5\div 6\times 3\div 10 \qquad \text{자연수의 곱셈과 나눗셈}$$

$$=\frac{5}{6}\times 3\div 10 \qquad \text{분수의 정의}$$

$$=\frac{15}{6}\div 10 \qquad \text{단위분수와 자연수의 곱셈}$$

$$=\frac{15}{6}\times\frac{1}{10} \qquad \text{분수의 성질}$$

$$=\frac{15}{60} \qquad \text{단위분수의 곱셈}$$

$$=\frac{1}{4} \qquad \text{약분}$$

와 같이 계산합니다. 이 결과는 분자는 분자끼리, 분모는 분모끼리 곱하여 계산한 결과와 같습니다. 즉

$$\frac{5}{6}\times\frac{3}{10}=\frac{5\times 3}{6\times 10}=\frac{15}{60}=\frac{1}{4}$$

입니다. 그러므로 분수와 분수의 곱셈은 분자는 분자끼리, 분모는 분모끼리 곱하여 계산하면 됩니다.

이제 분수의 나눗셈에 대하여 성경에 나타난 것을 찾아봅시다. 구약 성경의 <느헤미야>에는 다음과 같은 내용이 있습니다.

28 그 남은 백성과 제사장들과 레위 사람들과 문지기들과 노래하는 자들과 느디님 사람들과 및 이방 사람과 절교하고 하나님의 율법을 준행하는 모든 자와 그들의 아내와 그들의 자녀들 곧 지식과 총명이 있는 자들은
29 다 그들의 형제 귀족들을 따라 저주로 맹세하기를 우리가 하나님의 종 모세를 통하여 주신 하나님의 율법을 따라 우리 주 여호와의 모든 계명과 규례와 율례를 지켜 행하여
30 우리의 딸들을 이 땅 백성에게 주지 아니하고 우리의 아들들을 위하여 그들의 딸들을 데려오지 아니하며
31 혹시 이 땅 백성이 안식일에 물품이나 온갖 곡물을 가져다가 팔려고 할지라도 우리가 안식일이나 성일에는 그들에게서 사지 않겠고 일곱째 해마다 땅을 쉬게 하고 모든 빚을 탕감하리라 하였고
32 우리가 또 스스로 규례를 정하기를 해마다 각기 세겔의 삼분의 일을 수납하여 하나님의 전을 위하여 쓰게 하되
33 곧 진설병과 항상 드리는 소제와 항상 드리는 번제와 안식일과 초하루와 정한 절기에 쓸 것과 성물과 이스라엘을 위하는 속죄제와 우리 하나님의 전의 모든 일을 위하여 쓰게 하였고
34 또 우리 제사장들과 레위 사람들과 백성들이 제비 뽑아 각기 종족대로 해마다 정한 시기에 나무를 우리 하나님의 전에 바쳐 율법에 기록한 대로 우리 하나님 여호와의 제단에 사르게 하였고
35 해마다 우리 토지소산의 맏물과 각종 과목의 첫 열매를 여호와의 전에 드리기로 하였고
36 또 우리의 맏아들들과 가축의 처음 난 것과 소와 양의 처음 난 것을 율법에 기록된 대로 우리 하나님의 전으로 가져다가 우리 하나님의 전에서 섬기는 제사장들에게 주고
37 또 처음 익은 밀의 가루와 거제물과 각종 과목의 열매와 새 포도주와 기름을

제사장들에게로 가져다가 우리 하나님의 전의 여러 방에 두고 또 우리 산물의 십일조를 레위 사람들에게 주리라 하였나니 이 레위 사람들은 우리의 모든 성읍에서 산물의 십일조를 받는 자임이며

38 레위 사람들이 십일조를 받을 때에는 아론의 자손 제사장 한 사람이 함께 있을 것이요 레위 사람들은 그 십일조의 십분의 일을 가져다가 우리 하나님의 전 곳간의 여러 방에 두되

39 곧 이스라엘 자손과 레위 자손이 거제로 드린 곡식과 새 포도주와 기름을 가져다가 성소의 그릇들을 두는 골방 곧 섬기는 제사장들과 문지기들과 노래하는 자들이 있는 골방에 둘 것이라 그리 하여 우리가 우리 하나님의 전을 버려두지 아니하리라

(느헤미야 10: 35 – 39)

이스라엘 각 지파들은 공평하게 땅을 분배받았습니다. 그러나 레위 족속에게는 땅을 분배해 주지 않았습니다. 그러나 그들은 제사를 담당했기 때문에 노동을 할 수가 없었습니다. 그 대신 각 사람들로부터 십일조를 받았습니다. 그리고 위의 성경 38절에는 받은 '십일조의 십분의 일'을 별도로 곳간에 보관한 것을 알 수 있습니다. 이것은 얼마만한 양인가요? 물론 이것은 십일조를 열로 나눈 것 중의 하나라는 말입니다. 즉

$$\frac{1}{10} \div 10$$

을 의미합니다.

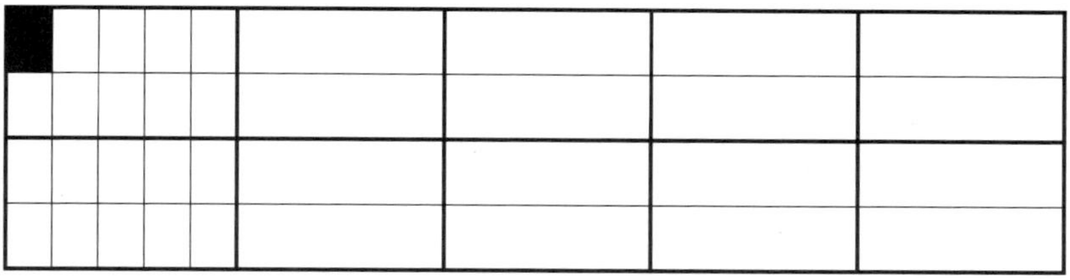

$\frac{1}{10} \div 10$은 하나를 10등분한 것 중의 하나를
다시 10등분한 것의 하나이다.

이런 분수의 나눗셈을 알아보기 위하여 먼저 자연수의 분수만큼의 의미를 알아봅시다. 예를 들어 6의 $\frac{1}{3}$이 얼마인지를 알아봅시다. 단위분수 $\frac{1}{3}$의 의미를 되새기면, $\frac{1}{3}$은 하나를 3등분 한 것 중의 하나를 의미합니다. 따라서 6의 $\frac{1}{3}$은 6을 하나로 보고 이를 3등분한 것이고, 6을 똑같이 3묶음으로 나누면 한 묶음에 2개가 들어있게 됩니다. 따라서 6의 $\frac{1}{3}$은 2가 됩니다. 이것을 수식으로 표현하면

$$6 \div 3 = 6 \times \frac{1}{3} = 2$$

임을 의미합니다. 따라서 십일조의 십분의 일은

$$\frac{1}{10} \div 10 = \frac{1}{10} \times \frac{1}{10} = \frac{1}{100}$$

이 됩니다.

그러나 자연수가 아닌 분수를 분수로 나누는 것은 그 의미가 무엇인지 얼핏 이해하기 힘듭니다. 그렇지만 이것도 색종이 등을 이용한 활동을 통하여 쉽게 이해할 수 있습니다. 예를 들면 $\frac{3}{4}$은 $\frac{1}{4}$의 몇 배인가 하는 물음은 $\frac{3}{4} \div \frac{1}{4}$의 답을 구하는 것과 같습니다. 먼저 색종이 한 장 전체를 4등분하여 3조각과 1조각을 택하면, 이들은 각각 전체의 $\frac{3}{4}$과 $\frac{1}{4}$이 됩니다. 그런데 3조각은 1조각보다 3배나 많으므로

$$\frac{3}{4} \div \frac{1}{4} = 3$$

이 됩니다. 따라서 분모가 같은 경우 분수의 나눗셈은 분자 끼리만의 나눗셈과 같음을 알 수 있습니다.

나눗셈을 곱셈으로 바꾸어 나타내면 (분수)÷(자연수)의 계산을 간단히 할 수 있습니다. 예를 들면

$$\frac{3}{4} \div 6 = \frac{3}{4} \times \frac{1}{6} = \frac{3}{24} = \frac{1}{8}$$

과 같이 계산하면 됩니다. 또 분수와 자연수의 혼합계산에서도 나눗셈을 분수로 바꾸어 계산하면 편리합니다. 예를 들면

$$\frac{4}{5} \times 3 \div 6 = \frac{4}{5} \times 3 \times \frac{1}{6} = \frac{4 \times 3 \times 1}{5 \times 6} = \frac{12}{30} = \frac{2}{5}$$

이고,

$$1\frac{2}{3} \div 5 \times 8 = \frac{5}{3} \times \frac{1}{5} \times 8 = \frac{5 \times 1 \times 8}{3 \times 5} = \frac{8}{3} = 2\frac{2}{3}$$

이 됩니다. 그런데 여기서 주의하여야 할 것은 $1\frac{2}{3} \div 5 \times 8$을

$$1\frac{2}{3}\div(5\times8)=\frac{5}{3}\div40=\frac{5}{3}\times\frac{1}{40}=\frac{5}{120}=\frac{1}{24}$$

와 같이 계산하지 않도록 하는 것입니다. 즉 분수의 곱셈과 나눗셈이 섞여있는 혼합계산에서는 자연수의 계산에서와 같이 계산의 순서를 따라야 합니다. 이는 곱셈에서의 결합법칙은 성립하지만, 곱셈과 나눗셈의 혼합계산에서는 결합법칙이 성립하지 않기 때문입니다.

나누는 수가 단위분수가 아닌 나눗셈을 이해하기 위하여, 먼저 분모가 같은 경우의 나눗셈에 대하여 알아봅시다. 예를 들어 $\frac{5}{6}\div\frac{2}{6}$의 값이 얼마인지를 알아봅시다. $\frac{2}{6}$는 $\frac{1}{6}$의 2배이므로, $\frac{2}{6}$로 나눈다는 것은 $\frac{1}{6}$로 나눈 것을 다시 2로 나누는 것과 같습니다. 따라서

$$\frac{5}{6}\div\frac{2}{6}=\left(\frac{5}{6}\div\frac{1}{6}\right)\div2=5\div2=\frac{5}{2}$$

입니다.

그런데 $\frac{5}{6}$를 $\frac{2}{6}$로 나누면 2와 $\frac{1}{6}$이 남는 것처럼 보인다고 해서, 이것을 자연수에서와 같이 몫이 2, 나머지가 $\frac{1}{6}$이라고 생각하면 안 됩니다. 즉

$$\frac{5}{6}\div\frac{2}{6}\neq2\times\frac{2}{6}+\frac{1}{6}$$

입니다. 한편

$$5 \div 2 = \frac{5}{2}$$

이므로

$$\frac{5}{6} \div \frac{2}{6} = 5 \div 2$$

와 같습니다. 일반적으로 분모가 같은 분수끼리의 나눗셈은 분자의 나눗셈과 같게 됩니다.

분모가 다른 분수끼리의 나눗셈은 분모를 같게 통분한 다음, 분모가 같은 분수의 나눗셈과 같이 분자끼리의 나눗셈을 하면 됩니다. 예를 들면

$$\frac{5}{6} \div \frac{2}{7} = \frac{5 \times 7}{6 \times 7} \div \frac{2 \times 6}{7 \times 6} = \frac{35}{42} \div \frac{12}{42} = 35 \div 12 = 2\frac{11}{12}$$

이다. 한편 위의 나눗셈은

$$\frac{5}{6} \div \frac{2}{7} = \frac{5 \times 7}{6 \times 7} \div \frac{2 \times 6}{7 \times 6} = \frac{5 \times 7}{6 \times 2}$$

와 같습니다. 즉

$$\frac{5}{6} \div \frac{2}{7} = \frac{5}{6} \times \frac{7}{2}$$

가 성립합니다. 이와 같이 분모가 다른 분수끼리의 나눗셈은 나누는 분수의 분자와 분모를 바꾸어(나누는 수의 곱셈에 대한 역원) 곱하면 됩니다.

Chapter 20

분수의 추상화와 새 계명

20 Chapter 분수의 추상화와 새 계명

다음은 모세의 율법에 충실하려고 했던 이스라엘 사람들이 율법에 대하여 예수와 논쟁하는 장면을 그린 <마가복음>의 일부입니다.

28 서기관 중 한 사람이 그들이 변론하는 것을 듣고 예수께서 잘 대답하신 줄을 알고 나아와 묻되 모든 계명 중에 첫째가 무엇이니이까
29 예수께서 대답하시되 첫째는 이것이니 이스라엘아 들으라. 주 곧 우리 하나님은 유일한 주시라
30 네 마음을 다하고 목숨을 다하고 뜻을 다하고 힘을 다하여 주 너의 하나님을 사랑하라 하신 것이요
31 둘째는 이것이니 네 이웃을 네 자신과 같이 사랑하라 하신 것이라 이보다 더 큰 계명이 없느니라
32 서기관이 이르되 선생님이여 옳소이다 하나님은 한 분이시요 그 외에 다른 이가 없다 하신 말씀이 참이니이다
33 또 마음을 다하고 지혜를 다하고 힘을 다하여 하나님을 사랑하는 것과 또 이웃을 자기 자신과 같이 사랑하는 것이 전체로 드리는 모든 번제물과 기타 제물보다 나으니이다
34 예수께서 그가 지혜 있게 대답함을 보시고 이르시되 네가 하나님의 나라에서 멀지 않도다 하시니 그 후에 감히 묻는 자가 없더라.

(마가복음 12:28 – 34)

제자들에게 작별을 고하는 예수(두치오(1308 - 1311)의 작품) [32]

위의 성경 내용은 예수의 흠을 잡으려고 바리새인과 헤롯 당원과 세금에 대한 논쟁을 벌인 후, 다시 부활이 없다하는 사두개인과 죽은 후의 모습에 대해 예수와 논쟁을 벌인 후에 일어난 일입니다. 구체적인 생활 속에서 유대인이 지켜야 할 율법에 능통한 서기관이 예수에게 무엇이 가장 큰 계명인가를 묻고 있습니다. 예수는 모세의 율법에 더하여 새롭고 더 큰 계명 '이웃을 네 몸같이 사랑하라.'는 계명을 던져 줍니다. 성경에서는 하나님의 나라의 모습이 어떠해야하는가를 그리고 있습니다. 이것이 사람들이 세상을 살아갈 도리라고 요약하여 정의합니다.

수학에서도 마찬가지입니다. 앞에서는 구체적인 분수의 예를 들어가며 분수를 만들고 분수의 덧셈, 뺄셈, 곱셈, 나눗셈의 연산을 하였습니다. 그러나 모든 분수에 대해 이런 과정을 거쳐서 확인할 수는 없습니다. 따라서 분수는 일반적으로 어떤 모습을 가지고 있는지 다음과 같이 분수를 추상적으로 정의할 필요가 있습니다.

자연수는 집합의 원소가 무엇인가에 관계없이 그 집합의 원소의 개수를 나타내었던 것과 같이, 분수는 전체에서 얼마나 차지하는가를 나타내는 숫자(numeral)로서의 의미를 지닙니다. 여기서는 분수가 양의 분수인 것만 생각하기로 합니다.[11)]

정의 1

분수는 자연수 a,b의 순서쌍 (a, b) 또는 $\frac{a}{b}$로 나타나는 수를 말한다.

여기에 분수의 덧셈, 뺄셈, 곱셈, 나눗셈에 대하여 다음과 같이 정의합니다.

정의 2

두 분수 $\frac{a}{b}$와 $\frac{c}{b}$의 덧셈을 다음과 같이 정의한다.

$$\frac{a}{b}+\frac{c}{b}=\frac{a+c}{b}$$

11) 음의 분수는 중학교수학에서 다룹니다.

위와 같이 분모가 같은 분수의 덧셈을 정의하면, 두 분수 $\frac{a}{b}$와 $\frac{c}{d}$의 합은 두 분모를 같게 하여

$$\frac{a}{b}+\frac{c}{d}=\frac{ad}{bd}+\frac{bc}{bd}=\frac{ad+bc}{bd}$$

가 된다는 것을 알 수 있습니다.

정의 3

두 분수 $\frac{a}{b}$와 $\frac{c}{b}$의 덧셈을 다음과 같이 정의한다.

$$\frac{a}{b}+\frac{c}{b}=\frac{a+c}{b}$$

이제 분모가 다른 분수의 뺄셈은 분모가 같은 경우의 뺄셈을 이용하여 계산하면 됩니다. 즉 두 분수 $\frac{a}{b}$와 $\frac{c}{d}$에 대하여 $\frac{a}{b}\geq\frac{c}{d}$이면

$$\frac{a}{b}-\frac{c}{d}=\frac{ad}{bd}-\frac{bc}{bd}=\frac{ad-bc}{bd}$$

와 같이 계산합니다.

정의 4

분수 $\frac{a}{b}$와 $\frac{c}{d}$에 대하여, 분수의 곱셈을

$$\frac{a}{b}\times\frac{c}{d}=\frac{ac}{bd}$$

와 같이 정의한다.

분수의 곱셈에 대한 정의와 자연수의 곱셈에 대한 성질을 이용하면

$\frac{a}{b}\times\frac{c}{d}=\frac{ac}{bd}$	분수의 곱셈에 대한 정의
$=\frac{ca}{db}$	자연수의 곱셈에 대한 교환법칙
$=\frac{c}{d}\times\frac{a}{b}$	분수의 곱셈에 대한 정의

임을 알 수 있습니다. 또

$\frac{a}{b}\times 1=\frac{a}{b}\times\frac{1}{1}$	1의 성질
$=\frac{a\times 1}{b\times 1}$	분수의 곱셈에 대한 정의
$=\frac{a}{b}$	곱셈에 대한 항등원

가 성립합니다. 한편 0이 아닌 분수 $\frac{a}{b}$에 대하여

$$\frac{a}{b}\times\frac{b}{a}=\frac{ab}{ba}=\frac{ab}{ab}=1$$

입니다. 이 때 $\frac{b}{a}$를 $\frac{a}{b}$의 곱셈에 대한 역원(multiplicative inverse) 또

는 역수(reciprocal)라고 부르기로 합시다.

마지막으로 분모가 같은 분수의 나눗셈은 자연수의 나눗셈으로 정의할 수 있습니다.

정의 5

분수 $\frac{a}{b}$와 $\frac{c}{b}$에 대하여 $c \neq 0$일 때, 나눗셈을

$$\frac{a}{b} \div \frac{c}{b} = \frac{a}{c}$$

로 정의한다.

위와 같이 분수의 나눗셈을 정의하면, 분모가 다른 경우에도 분모를 통분하여 나눗셈을 할 수 있습니다. 즉

$$\frac{a}{b} \div \frac{c}{d} = \frac{ad}{bd} \div \frac{bc}{bd} = \frac{ad}{bc}$$

와 같이 계산합니다. 이것은 계산의 결과로만 본다면 뒤집어 곱하는 것과 같습니다. 즉 $c \neq 0$인 경우

$$\frac{a}{b} \div \frac{c}{d} = \frac{a}{b} \times \frac{d}{c}$$

이 성립하게 됩니다.

그런데 분수의 집합은 자연수를 모두 포함함으로, 분수의 연산은 자연수의 연산이 자연스럽게 확장되어야 합니다. 따라서 분수의 연산 규칙을 정하면 자연수의 계산에서와 같이 다음과 같은 계산 법칙이 성립함을 알 수 있습니다.

정리 1

p, q, r가 분수일 때 다음 계산 법칙이 성립한다.

(1) (교환법칙) $p+q=q+p, \qquad pq=qp$

(2) (결합법칙) $p+(q+r)=(p+q)+r, \qquad p(qr)=(pq)r$

(3) (분배법칙) $p(q+r)=pq+pr$

위의 정리에 의하면 분수의 집합에서의 연산은 자연수의 연산이 자연스럽게 확장된 것과 같습니다. 그도 그러해야 할 것이 자연수는 분수의 특별한 꼴 중의 하나이기 때문입니다. 뿐만 아니라 자연수의 집합은 나눗셈(곱셈의 역연산)에 대하여 자유롭지 않았는데 분수의 집합은 나눗셈에 대하여 자유롭게 계산할 수 있게 되었습니다. 더욱이 분수의 집합은 자연수의 집합이 가지고 있는 성질을 고스란히 이어받으면서 수의 세상을 넓혀가고 있습니다. 이렇게 함으로써 우리는 연산에 대해 자유로운 세상에서 수를 다루게 되었습니다. 사실 우리는 가능하면 제한 없이 자연스럽게 수의 세계를 확장해 가려고 노력합니다.

이것은 마치 하나님이 자유로우신 것처럼 하나님이 우리에게도 자유의지를 주신 축복을 누리는 것과 같습니다. 처음부터 하나님이 아담과 하와에게 선택할 수 있는 권한을 주지 않았다면 원죄가 생기지 않았을지 모르지만, 아담과 하와가 하나님의 말씀을 어길 줄 알면서도 하나님이 자유의지를 가진 것처럼 하나님과 똑같은 형상을 가지도록 우리를 창조하셨습니다. 보통 피조물은 그것을 만든 사람의 뜻을 고스란히 따릅니다. 그러나 사람들은 조금 다릅니다. <창세기> 2장을 통하여 하나님은 우리가 하나님의 꼭두각시(아바타)가 아니라 진정한 자유인으로 만드신 무한한 사랑을 느낄 수 있습니다. 물론 자유의지에 따른 책임은 반드시 져야 합니다.

Chapter 21

분수의 크기와 큰 사람

21 Chapter 분수의 크기와 큰 사람

전체를 이등분한 것의 한 조각과 전체를 4등분한 것의 두 조각은 같은 양을 나타낸다는 활동을 통하여

$$\frac{1}{2}=\frac{2}{4}$$

임을 알 수 있습니다. 따라서 $\frac{1}{2}$은 $\frac{1}{2}$과 같은 값을 갖는 여러 가지 표현을 대표한다는 것을 의미합니다. 더욱이 $\frac{4}{2}=2$이므로 분수 중에는 자연수도 포함됩니다. 그런데 자연수의 크기를 정할 수 있었으므로, 분수의 크기도 정할 수 있을 것 같습니다. 어떻게 하면 될까요?

두 분수의 크기를 비교하려할 때, 두 분수의 분모가 같은 경우에는 분자의 크기를 비교하여 크기를 정할 수 있습니다. 예를 들어

$$\frac{1}{4}<\frac{2}{4}$$

가 된다는 것을 쉽게 알 수 있습니다. 일반적으로 두 분수 $\frac{a}{b}$와 $\frac{c}{b}$에 대하여

$$\frac{a}{b} < \frac{c}{b} \text{ 일 필요충분조건은 } a < c$$

입니다.

그런데 두 분수의 분모가 다른 경우에는 어떻게 그 크기를 비교할 수 있을까요? 앞에서 분모가 같은 경우에는 두 분수의 크기를 정할 수 있었으므로, 두 분수의 분모를 같게 만들면 되지 않을까요? 사실 분모와 분자에 0이 아닌 같은 수를 곱하여도 같은 분수를 얻습니다. 따라서 두 분수의 분모가 같아지도록 분수의 분모와 분자에 각각 같은 수를 곱하여 모양은 다르지만 같은 크기의 분수를 만들고, 두 분수의 분자의 크기를 비교하면 두 분수의 크기를 비교할 수 있습니다.

예를 들어 $\frac{1}{3}$과 $\frac{2}{5}$의 크기를 비교하려면

$$\frac{1}{3} = \frac{1 \times 5}{3 \times 5} = \frac{5}{15}, \qquad \frac{2}{5} = \frac{2 \times 3}{5 \times 3} = \frac{6}{15}$$

이므로

$$\frac{1}{3} = \frac{5}{15} < \frac{6}{15} = \frac{2}{5} \quad \text{즉 } \frac{1}{3} < \frac{2}{5}$$

임을 알 수 있습니다.

일반적으로 임의의 두 분수 $\frac{a}{b}$와 $\frac{c}{d}$에 대하여

$$\frac{a}{b} < \frac{c}{d} \text{일 필요충분조건은 } ad < bc$$

입니다. 이 과정은 분모를 같게 만들고 분자를 비교하는 간단한 방법에서 나옵니다. 위와 같은 방법으로 두 분수 사이의 크기를 모두 비교할 수 있습니다. 그러므로 수직선 위에 자연수를 나타낸 것과 같이 분

수를 수직선 위에 나타낼 수 있습니다.

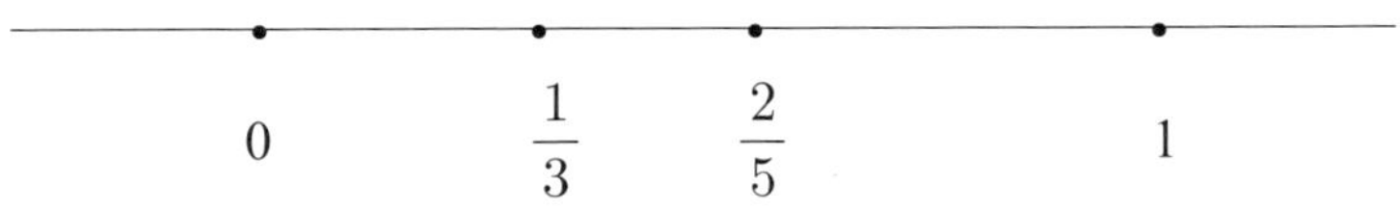

그런데 두 분수 $\frac{1}{6}$과 $\frac{1}{4}$사이에는 또 다른 분수 $\frac{1}{5}$이 있습니다. 그렇다면 임의의 두 분수 사이에도 또 다른 분수가 존재할까요? 사실 임의의 서로 다른 두 분수 사이에는 또 다른 분수가 존재합니다.[12)]

정리 1

(분수의 조밀성)

임의의 두 분수 $\frac{a}{b}$와 $\frac{c}{d}$에 대하여 $\frac{a}{b} < \frac{c}{d}$이면,

$$\frac{a}{b} < \frac{e}{f} < \frac{c}{d}$$

인 분수 $\frac{e}{f}$ 가 존재한다.

정리 1에 의해 수직선 위에 분수와 분수 사이에 무수히 많은 분수를 나타낼 수 있다는 것을 알 수 있습니다. 따라서 자연수의 개수가 무한히 많은 것과 같이 분수의 개수도 무한히 많이 존재합니다.

---

12) 이러한 성질을 분수의 조밀성(density of fractions)이라고 부릅니다. 분수의 조밀성은 나중에 다룰 유리수의 조밀성으로부터 얻어집니다.

지금까지 우리는 분수 사이의 크기를 비교하는 방법에 대해 알아보았습니다. 많은 경우 두 수가 주어지면 우리는 거의 본능적으로 어느 수가 더 큰가를 알아보게 됩니다. 다행히도 수학에서는 두 수의 크기를 분명하게 정할 수 있습니다. 그러나 일상에서의 크기는 기준이 사람마다 다를 수 있습니다. 더욱이 성경에서의 크기는 일상과 사뭇 다릅니다. 다음은 예수가 십자가에 달려 죽을 것임을 예고하고 있는데도 그의 제자들은 세상에서 누가 더 큰가에 관심이 많다는 것을 보여주고 있는 <누가복음>의 한 장면입니다.

24 또 그들 사이에 그 중 누가 크냐 하는 다툼이 난지라
25 예수께서 이르시되 이방인의 임금들은 그들을 주관하며 그 집권자들은 은인이라 칭함을 받으나
26 너희는 그렇지 않을지니 너희 중에 큰 자는 젊은 자와 같고 다스리는 자는 섬기는 자와 같을지니라
27 앉아서 먹는 자가 크냐 섬기는 자가 크냐 앉아서 먹는 자가 아니냐 그러나 나는 섬기는 자로 너희 중에 있노라

(누가복음 22:24 – 27)

세상에서는 권력을 가진 자나 부자가 더 큰 자로 여김을 받습니다. 그러나 위의 성경은 세상에서 많이 가진 자, 많이 배운 자, 높은 지위에 있는 자가 큰 자가 아니라, 남을 섬기는 겸손한 자가 큰 자라고 말하고 있습니다. 이것은 수학에서의 크기와는 다른 개념입니다.

자색 옷을 입고 생전에 교만했던 부자는 죽은 후에 지옥에 가고, 길거리에서 누더기를 입고 구걸하던 라사로는 죽은 후에 천국에 들어갔다. 구스타프 도레(1832-1883)의 작품 〈부자와 나사로〉 [33]

Chapter 22

도형과 솔로몬 성전

22 Chapter 도형과 솔로몬 성전

구약 성경 중 <열왕기>는 글자 그대로 이스라엘의 왕에 대한 기록으로, 마치 <조선왕조실록>이 조선의 왕에 대한 기록물인 것과 마찬가지입니다. 여기에는 선한 왕도 있고 악한 왕도 나타나 있습니다. 그중에서도 가장 위대한 왕은 다윗일 것입니다. 이웃나라로부터 조공을 받을 정도로 정치적으로나 군사적으로 또 경제적으로 가장 안정된 나라이었습니다. 지금도 이스라엘의 국기에는 '다윗의 별'이 그려져 있으며, 예수 그리스도가 세상에 오셔서 왕국을 건설하겠다는 말을 이스라엘 사람들은 다윗 시대의 국가를 건설하려는 것으로 믿었을 정도니까요.

하나님에 대한 믿음이 좋았던 다윗은 성전을 지으려 했습니다. 성전은 하나님의 집입니다. 성전은 하나님의 지시와 설계에 의해 지어집니다. 안정적인 국가를 이룬 다윗 왕이 하나님을 위한 성전을 건축하려고 하였을 때, 하나님은 다윗이 성전을 건축하는 것을 허락하지 않으시고 단지 성전 건축을 위한 준비를 하게 합니다. 그 대신 다윗의 아들인 솔로몬에게 건축을 허락할 것을 약속하셨습니다. 왜 그러셨을까요?

광야에서 떠돌 때 이스라엘 백성이 하나님께 예배를 드리던 성전의 모습으로 이동이 쉽도록 장막으로 지어졌다. 이를 장막 성전이라 부른다. [34]

다윗의 아들인 솔로몬은 어떤 사람입니까? 솔로몬은 이 세상에서 가장 지혜로운 사람으로 인정받는 왕이었습니다. 요즈음도 지혜로운 사람을 '솔로몬의 지혜'를 가진 사람이라고 부르지요. 솔로몬은 다윗이 준비해 둔 국력을 바탕으로 최고의 부강한 국가를 이룹니다. 왕위에 올라 초반에는 여러 가지 행정적 준비와 성전 건축을 위한 준비를 하고 즉위 사년에 성전 건축 공사를 시작합니다. 그전에 다윗의 장막은 고정적이지도 않고 화려하지도 않았으나 정결하고 편리하여 '하나님의 집'이라 불리었습니다.

이제 하나님이 솔로몬에게 큰 재산을 이룰 수 있게 하셨고 하나님이 솔로몬의 마음을 기꺼이 받으셔서 하나님의 성전 건축을 허락하셨습니다. 다음의 <열왕기상> 6장은 성전 건축에 대해 시기와 크기, 건축 방법과 모양, 공사 기간 등에 대하여 기술하고 있습니다.

1 이스라엘 자손이 애굽 땅에서 나온 지 사백팔십 년이요 솔로몬이 이스라엘 왕이 된 지 사 년 시브월 곧 둘째 달에 솔로몬이 여호와를 위하여 성전 건축하기를 시작하였더라

2 솔로몬 왕이 여호와를 위하여 건축한 성전은 길이가 육십 규빗이요 너비가 이
십 규빗이요 높이가 삼십 규빗이며
3 성전의 성소 앞 주랑의 길이는 성전의 너비와 같이 이십 규빗이요 그 너비는
성전 앞에서부터 십 규빗이며
4 성전을 위하여 창틀 있는 붙박이 창문을 내고
5 또 성전의 벽 곧 성소와 지성소의 벽에 연접하여 돌아가며 다락들을 건축하되
다락마다 돌아가며 골방들을 만들었으니
6 하층 다락의 너비는 다섯 규빗이요 중층 다락의 너비는 여섯 규빗이요 셋째 층
다락의 너비는 일곱 규빗이라 성전의 벽 바깥으로 돌아가며 턱을 내어 골방 들
보들로 성전의 벽에 박히지 아니하게 하였으며
7 이 성전은 건축할 때에 돌을 그 뜨는 곳에서 다듬고 가져다가 건축하였으므로
건축하는 동안에 성전 속에서는 방망이나 도끼나 모든 철 연장 소리가 들리지
아니하였으며
8 중층 골방의 문은 성전 오른쪽에 있는데 나사 모양 층계로 말미암아 하층에서
중층에 오르고 중층에서 셋째 층에 오르게 하였더라
9 성전의 건축을 마치니라 그 성전은 백향목 서까래와 널판으로 덮었고
10 또 온 성전으로 돌아가며 높이가 다섯 규빗 되는 다락방을 건축하되 백향목
들보로 성전에 연접하게 하였더라
11 여호와의 말씀이 솔로몬에게 임하여 이르시되
12 네가 지금 이 성전을 건축하니 네가 만일 내 법도를 따르며 내 율례를 행하며
내 모든 계명을 지켜 그대로 행하면 내가 네 아버지 다윗에게 한 말을 네게
확실히 이룰 것이요
13 내가 또한 이스라엘 자손 가운데에 거하며 내 백성 이스라엘을 버리지 아니하
리라 하셨더라
14 솔로몬이 성전 건축하기를 마치고
15 백향목 널판으로 성전의 안벽 곧 성전 마루에서 천장까지의 벽에 입히고 또
잣나무 널판으로 성전 마루를 놓고
16 또 성전 뒤쪽에서부터 이십 규빗 되는 곳에 마루에서 천장까지 백향목 널판으
로 가로막아 성전의 내소 곧 지성소를 만들었으며

17 내소 앞에 있는 외소 곧 성소의 길이가 사십 규빗이며
18 성전 안에 입힌 백향목에는 박과 핀 꽃을 아로새겼고 모두 백향목이라 돌이
보이지 아니하며
19 여호와의 언약궤를 두기 위하여 성전 안에 내소를 마련하였는데
20 그 내소의 안은 길이가 이십 규빗이요 너비가 이십 규빗이요 높이가 이십 규
빗이라 정금으로 입혔고 백향목 제단에도 입혔더라
21 솔로몬이 정금으로 외소 안에 입히고 내소 앞에 금사슬로 건너지르고 내소를
금으로 입히고
22 온 성전을 금으로 입히기를 마치고 내소에 속한 제단의 전부를 금으로 입혔더라
23 내소 안에 감람나무로 두 그룹을 만들었는데 그 높이가 각각 십 규빗이라
24 한 그룹의 이쪽 날개도 다섯 규빗이요 저쪽 날개도 다섯 규빗이니 이쪽 날개
끝으로부터 저쪽 날개 끝까지 십 규빗이며
25 다른 그룹도 십 규빗이니 그 두 그룹은 같은 크기와 같은 모양이요
26 이 그룹의 높이가 십 규빗이요 저 그룹도 같았더라
27 솔로몬이 내소 가운데에 그룹을 두었으니 그룹들의 날개가 펴져 있는데 이쪽
그룹의 날개는 이쪽 벽에 닿았고 저쪽 그룹의 날개는 저쪽 벽에 닿았으며 두
날개는 성전의 중앙에서 서로 닿았더라
28 그가 금으로 그룹을 입혔더라
29 내 외소 사방 벽에는 모두 그룹들과 종려와 핀 꽃 형상을 아로새겼고
30 내외 성전 마루에는 금으로 입혔으며
31 내소에 들어가는 곳에는 감람나무로 문을 만들었는데 그 문인방과 문설주는
벽의 오분의 일이요
32 감람나무로 만든 그 두 문짝에 그룹과 종려와 핀 꽃을 아로새기고 금으로 입
히되 곧 그룹들과 종려에 금으로 입혔더라
33 또 외소의 문을 위하여 감람나무로 문설주를 만들었으니 곧 벽의 사분의 일이며
34 그 두 문짝은 잣나무라 이쪽 문짝도 두 짝으로 접게 되었고 저쪽 문짝도 두
짝으로 접게 되었으며
35 그 문짝에 그룹들과 종려와 핀 꽃을 아로새기고 금으로 입히되 그 새긴 데에
맞게 하였고

36 또 다듬은 돌 세 켜와 백향목 두꺼운 판자 한 켜로 둘러 안뜰을 만들었더라
37 넷째 해 시브월에 여호와의 성전 기초를 쌓았고
38 열한째 해 불월 곧 여덟째 달에 그 설계와 식양대로 성전 건축이 다 끝났으니
솔로몬이 칠 년 동안 성전을 건축하였더라

(열왕기 상 6:1 - 38)

위 성경의 내용을 살펴보면, 성전의 크기, 주랑의 길이, 다락의 크기 등이 나타나 있으며 성전 안에 갖추어야 할 가구의 크기나 모양이 잘 나타나 있습니다. 이와 같이 우리는 집을 짓기 전에 먼저 어떻게, 어떤 크기로, 어떤 모양으로 지을지 등을 정해야 합니다. 이러한 것들은 설계도에 잘 나타나 있습니다.

솔로몬이 지은 성전은 길이가 육십 규빗이요 너비가 이십 규빗이요 높이가 삼십 규빗이라고 나와 있습니다. 성전의 높이가 삼십 규빗으로 나와 있는 것으로 보아, 성전은 그냥 천정이 뚫린 건축물이 아니라 지붕이 덮여있는 건물이라는 것을 알 수 있습니다. 이것으로 미루어 솔로몬 성전은 아마 다윗의 장막의 두 배 정도 크기일 것이라고 여겨지며, 성전의 바닥은 직사각형 모양인 것 같습니다. 또 지붕이 있는 것으로 보아 입체감이 있는 도형일 것입니다.

솔로몬이 지은 성전의 모습 [35]

앞으로 우리는 도형을 평면도형 또는 입체도형으로 구분하여 나누고, 각 도형의 넓이, 부피와 겉넓이 등을 어떻게 어떤 측정 단위로 구할 것인가를 공부할 것입니다.

Chapter 23

단위와 성전의 크기

23 Chapter 단위와 성전의 크기

성전을 건축하려면 우선 얼마만한 크기로 하여야 하는지 결정하여야 합니다. 그래야지만 어떤 재료가 얼마나 필요한지를 알 수 있어 건축할 준비를 할 수 있습니다. 이런 것들을 적어 놓은 것이 설계도이고, 설계도에는 여러 가지 모양의 도형이 나타나 있습니다.

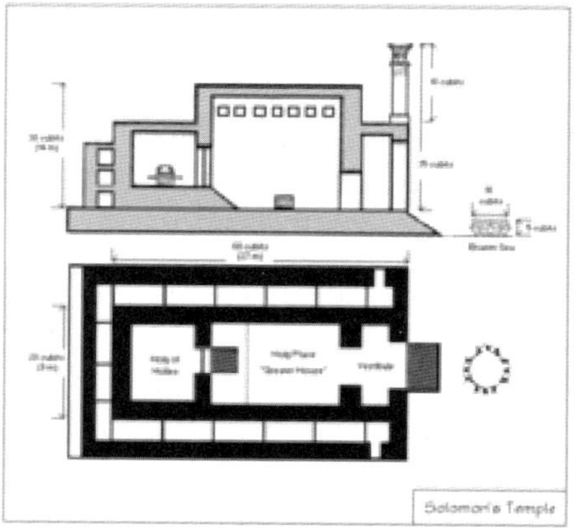

솔로몬 성전의 옆모습과 내부의 크기를 나타낸 설계도 [36]

먼저 솔로몬 성전이 차지하고 있는 땅의 넓이는 얼마인가요? 이 물음에 답을 하려면 직사각형의 넓이를 어떻게 구할 것인가에 대하여 먼저 합의를 해야 합니다. 아니 좀 더 일반적으로 도형의 넓이를 어떻게 정의해야 하는가하는 문제입니다. 그래서 수학자들은 어떤 도형 안에 들어 있는 단위 길이가 1인 정사각형의 개수로 도형의 넓이를 정합니다. 그러면 직사각형의 넓이는

(넓이) = (가로의 길이) × (세로의 길이)

로 정해집니다.

이제 솔로몬 성전의 크기를 가늠하기 위하여 앞에서 인용한 <열왕기상> 6장 일부를 생각해 봅시다.

2 솔로몬 왕이 여호와를 위하여 건축한 성전은 길이가 육십 규빗이요 너비가 이십 규빗이요 높이가 삼십 규빗이며

(열왕기 상 6:2)

따라서 솔로몬이 건축한 성전은 길이(세로)가 60 규빗, 폭(가로)이 20 규빗이므로,[13] 넓이는

$$60 \times 20 = 1200 \ (\text{규빗})^2$$

이 됩니다. 또 직사각형은 길이가 같은 두 쌍의 변으로 이루어져 있으므로

(직사각형 둘레의 길이) = {(가로의 길이) + (세로의 길이)} × 2

입니다. 특히 정사각형은 같은 길이를 갖는 4개의 변으로 이루어져 있으므로

13) 여기서는 길이의 단위로 규빗(cubit)을 사용하고 있는데, 1 규빗은 사람의 가운데 손가락 끝에서 팔꿈치까지의 길이를 말합니다. 사람마다 그 길이가 달라 혼동이 있기는 하지만 대략 45cm 가량으로 여겨집니다.

$$(\text{정사각형의 둘레의 길이}) = (\text{한 변의 길이}) \times 4$$

입니다. 그런데 솔로몬의 성전은 길이(세로)가 60 규빗, 폭(가로)이 20 규빗인 직사각형 모양이므로, 성전 둘레의 길이는 모두

$$60 + 60 + 20 + 20 = 2 \times (60 + 20) = 2 \times 80 = 160 \ (\text{규빗})$$

입니다.

한편 부피를 재는 단위로 어느 것이 좋을까요? 넓이를 잴 때 정사각형을 이용하여 잰 것처럼 부피는 정육면체를 이용하여 재면 어떨까요? 이렇게 생각하는 것이 아주 자연스런 생각의 발전이겠지요? 이제 한 변의 길이가 1인 정육면체를 부피의 기본단위로 하여 직육면체의 부피를 구하면,

$$(\text{직육면체의 부피}) = (\text{가로의 길이}) \times (\text{세로의 길이}) \times (\text{높이})$$

라는 공식을 유도할 수 있습니다. 특히 정육면체의 부피는

$$\begin{aligned}(\text{정육면체의 부피}) &= (\text{한 변의 길이}) \times (\text{한 변의 길이}) \times (\text{한 변의 길이}) \\ &= (\text{한 변의 길이})^3\end{aligned}$$

이 됩니다.

직육면체의 부피는 단위 정육면체의 개수와 같다.

이제 솔로몬이 건축한 하나님의 성전의 크기를 구할 수 있겠지요? 솔로몬의 성전이 완전한 직육면체는 아니었겠지만, 성전이 직육면체라고 가정하면, 성전은 밑면의 가로와 세로가 각각 20 규빗, 60 규빗이고 높이가 30 규빗인 건축물입니다. 따라서 성전의 부피는

$$20 \times 60 \times 30 = 36000 \ (\text{규빗})^3$$

입니다.

더욱이 솔로몬은 성전을 건축하고 나서 향내가 좋은 백향목으로 성전의 내부를 장식하였습니다. 이때 필요한 백향목 널빤지의 양을 계산하기 위해서는 성전의 겉넓이를 알아야 합니다. 성전이 직육면체라고 가정하면, 직육면체의 여섯 면의 넓이를 합하여 직육면체의 겉넓이(surface area)를 구하면 됩니다.

그런데 직육면체를 평면에 펼쳐 놓은 것으로 생각한 전개도를 이용하여 겉넓이를 구할 수도 있습니다. 전개도를 이용하면 합동인 세 쌍의 직사각형이 있음을 알 수 있습니다. 따라서 직육면체의 가로, 세로, 높이를 각각 a, b, h라 하면 직육면체의 겉넓이 S는

$$S = 2(ab + bh + ah)$$

라는 공식도 유도할 수 있습니다.

따라서 솔로몬이 지은 성전의 겉넓이는

$$2 \times (20 \times 60 + 30 \times 60 + 20 \times 30)$$
$$= 2 \times (1200 + 1800 + 600) = 7200 (\text{규빗})^2$$

가 됩니다.

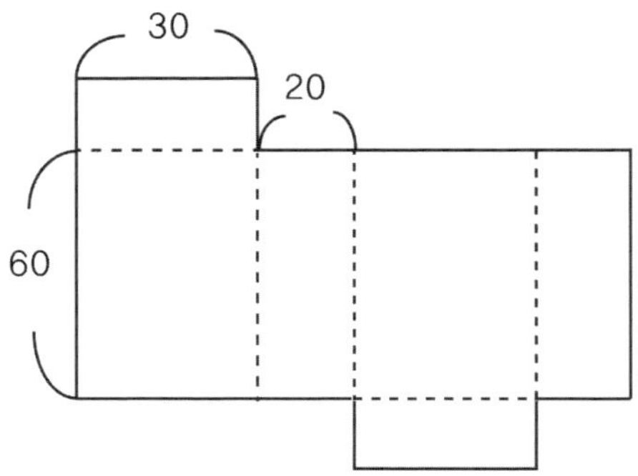

직육면체의 전개도는 직육면체의 옆넓이를 구하는데 사용된다.

솔로몬은 성전을 건축하는 재료로 최고의 재료를 사용하고 아주 아름답게 장식하였습니다. 더욱이 지성소는 순금으로 장식하였습니다. 물론 그것이 숭배의 대상은 아닙니다. 단지 하나님이 계신다는 상징으로서만 작용해야 합니다. 그러나 예수님 당시의 사람들에게 성전의 본 의미는 사라지고 겉모습만을 보게 되었습니다. 요즈음도 마찬가지인 경우가 많습니다. 이와 같은 모습에 대하여 <요한복음> 2장에서 예수는 다음과 같이 꾸짖습니다.

13 유대인의 유월절이 가까운지라 예수께서 예루살렘으로 올라가셨더니
14 성전 안에서 소와 양과 비둘기 파는 사람들과 돈 바꾸는 사람들이 앉아 있는 것을 보시고
15 노끈으로 채찍을 만드사 양이나 소를 다 성전에서 내쫓으시고 돈 바꾸는 사람들의 돈을 쏟으시며 상을 엎으시고
16 비둘기 파는 사람들에게 이르시되 이것을 여기서 가져가라 내 아버지의 집으로 장사하는 집을 만들지 말라 하시니
17 제자들이 성경 말씀에 주의 전을 사모하는 열심이 나를 삼키리라 한 것을 기억하더라

18 이에 유대인들이 대답하여 예수께 말하기를 네가 이런 일을 행하니 무슨 표적
을 우리에게 보이겠느냐
19 예수께서 대답하여 이르시되 너희가 이 성전을 헐라 내가 사흘 동안에 일으키
리라
20 유대인들이 이르되 이 성전은 사십육 년 동안에 지었거늘 네가 삼 일 동안에
일으키겠느냐 하더라
21 그러나 예수는 성전된 자기 육체를 가리켜 말씀하신 것이라
22 죽은 자 가운데서 살아나신 후에야 제자들이 이 말씀하신 것을 기억하고 성경
과 예수께서 하신 말씀을 믿었더라

(요한복음 2:13 - 22)

그렇습니다. 예수가 진정한 성전입니다. 예수는 자신의 몸을 하나님이 거하는 성전으로 준비하셨습니다. 예수를 통하여 온 믿음의 이스라엘 사람들이 만났으며, 그를 통하여 우리도 하나님을 신뢰하게 되었습니다. 이제는 사도 바울이 고린도 사람들에게 보낸 첫 번째인 편지인 <고린도 전서>에서와 같이 <성경>을 믿는 모든 사람이 하나님이 거하시는 성전입니다.

16 너희는 너희가 하나님의 성전인 것과 하나님의 성령이 너희 안에 계시는 것을
알지 못하느냐

(고린도 전서 3:16)

솔로몬이 지은 성전은 유대인들만이 예배하는 곳이지만, 이제는 예수를 통하여 성경을 믿는 사람들은 하나님의 거처가 되었습니다. 솔로몬의 성전의 지성소가 순금으로 장식되었던 것처럼 기독교인들은 하나님이 거하시도록 순수한 마음을 준비할 필요가 있습니다. 영원한 성전인 하나님의 나라에 들어갈 때까지...... .

Chapter 24

원의 넓이와 성전 가구

24 Chapter

원의 넓이와 성전 가구

솔로몬의 성전은 이스라엘 백성이 이집트를 탈출한지 480년 만에 건축되기 시작합니다. 이집트를 탈출하여 모세에게 40년, 여호수아에게 17년, 사사들에게 299년, 엘리 선지자에게 40년, 사무엘과 사울에게 40년, 다윗에게 40년이 흘렀고, 솔로몬이 왕에 즉위 한지 4년에 공사가 시작됩니다. 그전에 다윗의 장막은 고정적이지도 않고 화려하지도 않았으나 정결하고 편리하였으며 '하나님의 집'이라 불리었습니다. 이제 하나님이 솔로몬에게 큰 재산을 이룰 수 있게 하셨고 하나님이 솔로몬의 마음을 기꺼이 받으셔서 하나님의 성전 건축을 허락하셨습니다. 다음은 솔로몬 성전의 가구에 대한 구약성경 <역대하>의 설명입니다.

1 솔로몬이 또 놋으로 제단을 만들었으니 길이가 이십 규빗이요 너비가 이십 규빗이요 높이가 십 규빗이며
2 또 놋을 부어 바다를 만들었으니 지름이 십 규빗이요 그 모양이 둥글며 그 높이는 다섯 규빗이요 주위는 삼십 규빗 길이의 줄을 두를 만하며
3 그 가장자리 아래에는 돌아가며 소 형상이 있는데 각 규빗에 소가 열 마리씩 있어서 바다 주위에 둘렸으니 그 소는 바다를 부어 만들 때에 두 줄로 부어 만들었으며

4 그 바다를 놋쇠 황소 열두 마리가 받쳤으니 세 마리는 북쪽을 향하였고 세 마
리는 서쪽을 향하였고 세 마리는 남쪽을 향하였고 세 마리는 동쪽을 향하였으
며 바다를 그 위에 놓았고 소의 엉덩이는 다 안으로 향하였으며
5 바다의 두께는 한 손 너비만 하고 그 둘레는 잔 둘레와 같이 백합화의 모양으
로 만들었으니 그 바다에는 삼천 밧을 담겠으며
6 또 물두멍 열 개를 만들어 다섯 개는 오른쪽에 두고 다섯 개는 왼쪽에 두어 씻
게 하되 번제에 속한 물건을 거기서 씻게 하였으며 그 바다는 제사장들이 씻기
위한 것이더라
7 또 규례대로 금으로 등잔대 열 개를 만들어 내전 안에 두었으니 왼쪽에 다섯
개요 오른쪽에 다섯 개이며
8 또 상 열 개를 만들어 내전 안에 두었으니 왼쪽에 다섯 개요 오른쪽에 다섯 개
이며 또 금으로 대접 백 개를 만들었고
9 또 제사장의 뜰과 큰 뜰과 뜰 문을 만들고 그 문짝에 놋을 입혔고
10 그 바다는 성전 오른쪽 동남방에 두었더라
11 후람이 또 솥과 부삽과 대접을 만들었더라 이와 같이 후람이 솔로몬 왕을 위
하여 하나님의 성전에서 할 일을 마쳤으니
12 곧 기둥 둘과 그 기둥 꼭대기의 공 같은 머리 둘과 또 기둥 꼭대기의 공 같은
기둥 머리를 가리는 그물 둘과
13 또 그 그물들을 위하여 만든 각 그물에 두 줄씩으로 기둥 위의 공 같은 두 머
리를 가리는 석류 사백 개와
14 또 받침과 받침 위의 물두멍과
15 한 바다와 그 바다 아래에 소 열두 마리와
16 솥과 부삽과 고기 갈고리와 여호와의 전의 모든 그릇들이라 후람의 아버지가
솔로몬 왕을 위하여 빛나는 놋으로 만들 때에
17 왕이 요단 평지에서 숙곳과 스레다 사이의 진흙에 그것들을 부어 내었더라
18 이와 같이 솔로몬이 이 모든 기구를 매우 많이 만들었으므로 그 놋 무게를 능
히 측량할 수 없었더라
19 솔로몬이 또 하나님의 전의 모든 기구를 만들었으니 곧 금 제단과 진설병 상
들과

20 지성소 앞에서 규례대로 불을 켤 순금 등잔대와 그 등잔이며
21 또 순수한 금으로 만든 꽃과 등잔과 부젓가락이며
22 또 순금으로 만든 불집게와 주발과 숟가락과 불 옮기는 그릇이며 또 성전 문
곧 지성소의 문과 내전의 문을 금으로 입혔더라.

(역대 하 4:1 - 22)

위 성경을 보면 성전 속에 여러 가지 모양의 집기가 나타납니다. 특히 2절에 보면 바다에 대하여 다음과 같이 말하고 있습니다.

2 또 놋을 부어 바다를 만들었으니 지름이 십 규빗이요 그 모양이 둥글며 그 높
이는 다섯 규빗이요 주위는 삼십 규빗 길이의 줄을 두를 만하며

솔로몬 성전 앞뜰에 놓인 있는 바다 [37]

여기서 바다의 모양을 생각하면 밑은 지름이 10 규빗, 높이가 5 규빗인 원기둥임을 알 수 있습니다.[14] 이제 바다의 밑면의 넓이는 얼마인지 알아봅시다. 먼저 밑면인 원의 넓이를 어떻게 계산하여야 할까

14) 실제의 구조물은 수학적으로 정확한 입체는 아닙니다.

요? 앞에서 도형의 넓이를 단위 길이인 정사각형의 개수로 정의하였습니다. 그런데 원의 넓이를 단위 정사각형의 배수를 가지고서는 구할 수가 없습니다. 그러면 원의 넓이를 어떻게 구할 수 있을까요?

어쨌든 우리는 정사각형의 넓이를 구하는 방법을 알고 있으므로 이 방법을 이용하여야 합니다. 이와 같은 방법으로 사각형의 개수를 늘리면 늘릴수록 내접하는 정다각형의 넓이와 외접하는 정다각형의 넓이는 각각 원의 넓이에 가까워집니다.

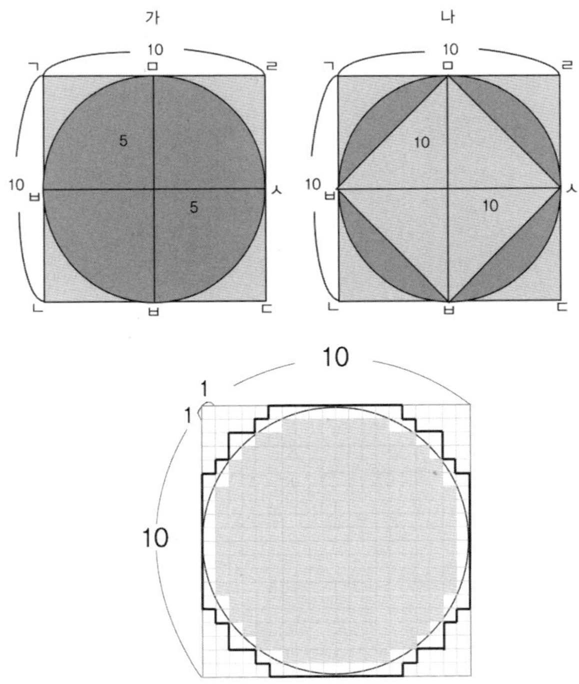

원을 둘러싸고 있는 정사각형과 내부에 있는 정사각형의 크기를 작게 하면 정사각형의 넓이는 원의 넓이에 가까이 간다.

한편 직사각형의 넓이로부터 삼각형의 넓이를 구할 수 있으므로, 주어진 도형의 넓이를 다각형을 이용하여 구할 수 있습니다. 왜냐하면 다각형은 몇 개의 삼각형으로 이루어져 있기 때문입니다. 그런데 원에 접하며 원을 둘러싸는(원에 외접하는) 정다각형과 원에 접하며 원에 둘러싸인(원에 내접하는) 정사각형의 넓이를 이용하여 넓이의 범위를 가늠할 수 있습니다. 즉

(내접하는 정다각형의 넓이) < 원의 넓이) < (외접하는 정다각형의 넓이)

가 성립합니다.

위와 같이 내접하는 정다각형과 외접하는 정다각형을 이용하여 원의 넓이와 정다각형의 넓이의 차가 0에 가까이 간다는 것을 이용하여 원의 넓이를 구하는 것을 착출법(method of exhaustion) 이라고 합니다.[15] 이렇게 하여 아래 그림과 같이 원안에 들어가는 정다각형을 이용하여 원의 넓이의 근삿값을 구할 수 있습니다. 또 원을 아래와 같이 잘게 잘라 원의 넓이의 근삿값을 구할 수 있습니다. 이렇게 하여

$$\begin{aligned}(\text{원의 넓이}) &= (\text{원주의 반})\times(\text{반지름})\\ &= (\text{지름})\times\frac{1}{2}\times(\text{원주율})\times(\text{반지름의 길이})\\ &= (\text{원주율})\times(\text{반지름의 길이})\times(\text{반지름의 길이})\end{aligned}$$

임을 알게 되었습니다. 또

$$\begin{aligned}(\text{원주}) &= (\text{지름})\times(\text{원주율})\\ &= (\text{반지름})\times 2\times(\text{원주율})\end{aligned}$$

이라는 것을 알게 되었습니다.

15) 아르키메데스는 96정다각형을 이용하여 원주율을 구하였다.

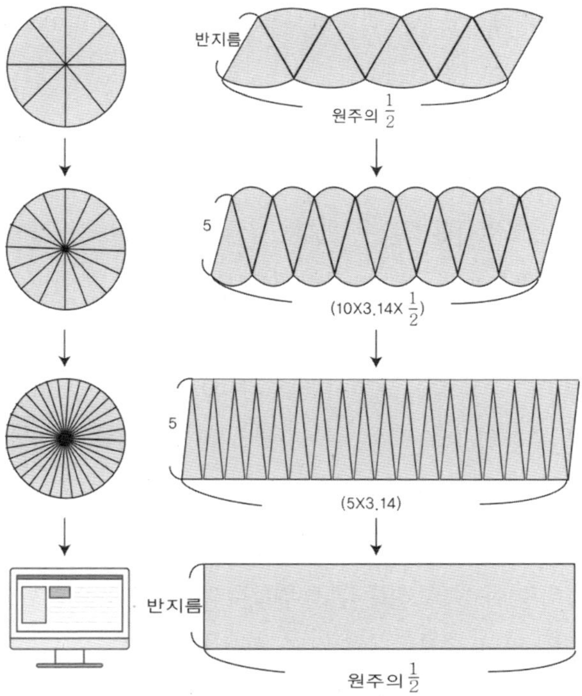

원을 위의 그림과 같이 잘게 잘라 원의 넓이를 구하는 것은
사실 착출법을 사용하는 것과 같다.

여기서 원주(circumference)란 원의 둘레의 길이를 말합니다. 그런데 여러 개의 원을 그리고 원주가 지름의 몇 배가 되는지 알아보았더니, 이 비율이 일정하다는 것을 알게 되었습니다. 우리는 이 비율을 원주율이라고 부릅니다. 즉

(원주율) = (원주)÷(지름)

입니다.

그런데 성경에 나타난 밑면인 원의 둘레가 30규빗이므로

$$30 = 10 \times 3$$

이므로, 원의 둘레를

$$(\text{원의 둘레}) = (\text{지름}) \times 3$$

와 같이 계산하였음을 알 수 있다. 지금의 수학용어로 말한다면, 구약 시대에는 원주율을 3으로 계산하였다는 것을 알 수 있습니다.

원주율을 수학적으로 표현하면 3.14159...로 소수점 아래 수가 반복되지 않고 무한히 계속되는 수이므로, 우리가 정확하게 계산할 수 없는 값입니다. 다시 말해 원주율의 참값을 구하는 것은 인간의 능력으로는 무리입니다. 그래서 수학자들은 분수로 계산되는 수(유리수)와 견주어서 이런 수를 무리수라고 부릅니다. 그러나 초등학교 수학에서는 원주율을 위의 근삿값인 3.14로 계산하기도 합니다. 또 중등수학에서는 원주율을 보통 파이(pi, π) 라고 나타냅니다. 이런 이유로 3월 14일을 파이 데이라고 부르기도 합니다.[16)]

---

16) 3월 14일은 아인슈타인의 생일이기도 합니다.

Chapter 25

부피와 성전기둥

25 Chapter 부피와 성전기둥

솔로몬 왕이 하나님의 성전을 7년 동안의 공사 끝에 완성한 다음, 솔로몬은 자신의 궁전을 13년에 걸쳐 완성하게 됩니다. 솔로몬 궁전에는 직사각형 모양뿐만 아니라 여러 가지 도형이 나타납니다. 여기서는 성전 기둥의 겉넓이나 부피를 구하는 방법을 알아봅시다.

먼저 구약성경의 <열왕기 상>을 통하여 솔로몬 성전의 기둥에 대하여 알아봅시다.

13 솔로몬 왕이 보내어 히람을 두로에서 데려오니
14 저는 납달리 지파 과부의 아들이요 그 아비는 두로 사람이니 놋점장이라 이 히람은 모든 놋 일에 지혜와 총명과 재능이 구비한 자더니 솔로몬 왕에게 와서 그 모든 공작을 하니라
15 저가 놋기둥 둘을 만들었으니 그 고는 각각 십팔 규빗이라 각각 십이 규빗되는 줄을 두를 만하며
16 또 놋을 녹여 부어서 기둥 머리를 만들어 기둥 꼭대기에 두었으니 이 머리의 고도 다섯 규빗이요 저 머리의 고도 다섯 규빗이며
17 기둥 꼭대기에 있는 머리를 위하여 바둑판 모양으로 얽은 그물과 사슬 모양의 것을 만들었으니 이 머리에 일곱이요 저 머리에 일곱이라

(열왕기 상 7:13-17)

솔로몬을 방문하는 시바여왕 [38]

위 <열왕기 상>의 기록에 의하면, 솔로몬 성전의 두 놋기둥의 원주가 십이 규빗입니다. 그러면 원기둥의 반지름은 얼마나 될까요? 솔로몬 당시 이스라엘 사람들은 원주율을 3으로 생각하였으므로

$$(\text{원주}) = (\text{지름}) \times 3 = 3 \times (2 \times \text{반지름})$$

이므로, 반지름을 r이라 하면

$$12 = 3 \times 2 \times r$$

이 됩니다. 따라서

$$r = 2 \quad (\text{규빗})$$

입니다. 그러니까 원기둥의 밑면의 넓이는 약

$$3 \times r \times r = 3 \times 2^2 = 12 \ \ (\text{규빗})^2$$

가 됩니다.

이제 원기둥의 겉넓이를 구하기 위하여 원기둥의 전개도를 그려보면 아래와 같이 직사각형과 원인 두 밑면으로 되어 있습니다.[17]

17) 원기둥의 아래와 위의 두 면을 그냥 두 밑면이라고 하는 이유는 원기둥을 엎어도 같은 도형이 되기 때문입니다.

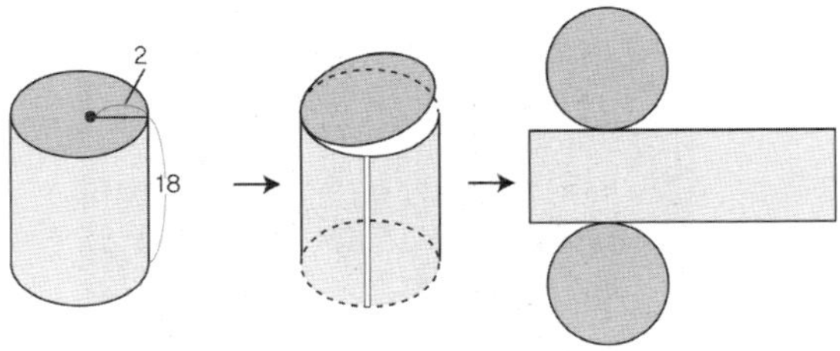

원기둥의 전개도

따라서

(원기둥의 겉넓이) = (밑면의 넓이)×2 + (옆면의 넓이)

임을 알 수 있습니다. 그런데 솔로몬 궁전의 놋기둥의 높이가 18 규빗이고 밑면은 둘레가 12 규빗이므로 옆면의 넓이는

$$18 \times 12 = 216 \ (\text{규빗})^2$$

입니다. 따라서 놋기둥의 겉넓이는

$$12 \times 2 + 216 = 240 \ (\text{규빗})^2$$

이 됩니다.

한편 원기둥의 부피를 구하기 위하여 아래 그림과 같이 원기둥을 한없이 잘게 잘라 붙이면 직육면체와 같은 모양을 얻습니다. 따라서 원기둥의 부피는

(원기둥의 부피) = (원기둥의 밑면의 넓이)×(높이)

와 같습니다. 그런데 직육면체의 가로의 길이는 원기둥의 밑면의 원주와 같으므로

(원기둥의 부피) = (원기둥의 밑면의 넓이)×(높이)

= {3×(반지름의 길이)×(반지름의 길이)}×(높이)

입니다.[18]

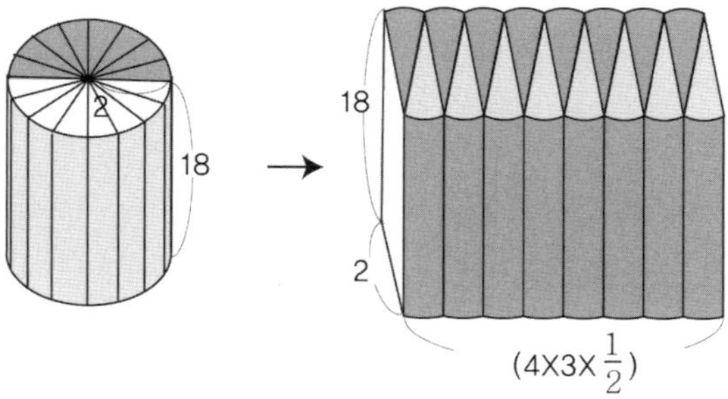

원기둥을 잘게 쪼갠 다음 포개면 직육면체와 같은 모양이 된다.

따라서 솔로몬 성전에 세워진 놋기둥의 부피는

$$3\times2\times2\times18=216 \text{ (규빗)}^3$$

이 됩니다. 솔로몬 시대에 물자가 얼마나 풍부했는지를 상상할 수 있겠지요?

원의 넓이를 구할 때와 같이 원기둥을 잘게 자른 다음 펼쳐 더하면 원기둥의 부피에 가까워집니다.

18) 이와 같은 사실은 고등학교 수학에서 다루는 적분에 의하여 설명되어질 수 있습니다.

Chapter 26

측정과 노아의 방주

26 Chapter 측정과 노아의 방주

인류가 교역을 시작하면서 곡물의 양이나 끈의 길이 등 물건의 들이(부피)나 길이의 측정이 중요하게 되었습니다. 처음으로 측정의 단위로 사용된 것은 아마도 사람의 신체와 관련이 있을 것입니다. 왜냐하면 사람들에게 가장 익숙한 별다른 도구가 필요 없는 것이니까요.

앞에서 우리는 솔로몬의 성전이나 궁전의 규격을 규빗이라는 길이의 단위를 사용하여 나타낸 것을 알고 있습니다. 그러나 규빗이 성경에서 처음으로 나타난 곳은 구약성경의 <창세기>입니다. 하나님이 세상을 보기에 너무나 추악해서 홍수로 세상을 쓸어버리기로 작정을 합니다. 그럼에도 사람에 대한 사랑 때문에 세상을 온전히 멸망시키지 않고 노아에게 방주를 준비시킵니다.

12 하나님이 보신 즉 땅이 부패하였으니 이는 땅에서 모든 혈육 있는 자의 행위
가 부패함 이었더라
13 하나님이 노아에게 이르시되 모든 혈육 있는 자의 포악함이 땅에 가득하므로
그 끝 날이 내 앞에 이르렀으니 내가 그들을 땅과 함께 멸하리라
14 너는 고페르 나무로 너를 위하여 방주를 만들되 그 안에 칸들을 막고 역청을
그 안팎에 칠하라

15 네가 만들 방주는 이러하니 그 길이는 삼백 규빗, 너비는 오십 규빗, 높이는
삼십 규빗이라
16 거기에 창을 내되 위에서부터 한 규빗에 내고 그 문은 옆으로 내고 상 중 하
삼층으로 할지니라
17 내가 홍수를 땅에 일으켜 무릇 생명의 기운이 있는 모든 육체를 천하에서 멸
절하리니 땅에 있는 것들이 다 죽으리라
18 그러나 너와는 내가 내 언약을 세우리니 너는 네 아들들과 네 아내와 네 며느
리들과 함께 그 방주로 들어가고
19 혈육 있는 모든 생물을 너는 각기 암수 한 쌍씩 방주로 이끌어 들여 너와 함
께 생명을 보존하게 하되
20 새가 그 종류대로, 가축이 그 종류대로, 땅에 기는 모든 것이 그 종류대로 각
기 둘씩 네게로 나아오리니 그 생명을 보존하게 하라
21 너는 먹을 모든 양식을 네게로 가져다가 저축하라 이것이 너와 그들의 먹을
것이 되리라
22 노아가 그와 같이 하여 하나님이 자기에게 명하신 대로 다 준행하였더라.

(창세기 6:12 – 22)

노아가 하나님이 일러준 대로 예비한 방주에 각 동물이
한 쌍씩 배에 오르고 있다.
에드워드 힉스(1780–1849)의 작품 [39]

여기서도 길이의 단위로 규빗(cubit)을 사용하고 있는데, 1 규빗은 사람의 가운데 손가락 끝에서 팔꿈치까지의 길이를 말합니다. 1 규빗은 대략 45cm 가량으로 여겨집니다. 길이를 재기 위하여 특별한 도구를 가지고 다니지 않아 편리하기도 하지만, 사람마다 팔의 길이가 달라 규빗을 나타내는 길이가 똑같지 않아 서로 오해를 불러올 수 있습니다. 이러한 팔의 길이나 뼘을 가지고 재는 단위는 표준화되지 않은 단위이므로 사람마다 다를 수 있어 서로 나타내고자 하는 크기도 다를 수 있습니다. 이와 같이 규격화 되지 않은 측정단위를 비표준 단위(nonstandard unit)라고 부릅니다. 그렇더라도 정확성을 요구하지 않는 경우에는 규빗과 같이 비표준단위로 재는 것도 아주 유용하게 쓰일 수 있습니다. 그러나 이것은 중요한 순간에는 서로 간의 의사소통에 문제를 일으켜 다툼이 일어날 가능성이 큽니다. 이러한 의사소통의 문제를 해결하기 위해서는 기준으로 약속한 단위 길이 즉 표준단위(standard unit)가 필요하게 됩니다.

길이를 재는 표준단위로 우리는 1cm를 사용합니다. 우리는 대나무나 플라스틱에 길이를 나타내는 눈금을 새겨 넣은 자를 가지고 길이를 잽니다. 그러면 cm를 기준으로 주어진 길이를 자로 재면 누구나 같은 길이를 얻을 수 있으므로, 물건의 길이를 나타내는데 서로간의 혼란이 없게 됩니다. 또 경험에 의하여 1cm의 길이가 우리의 머릿속에 있으면, 자가 없는 경우에도 물건의 길이를 어림잡아 말할 수 있습니다. 물론 정확한 길이를 알려면 자를 가지고 측정을 하여야 하지만 일상생활에서는 어림으로 재는 일도 흔히 일어나므로 어림으로 재는 활동도 중요합니다. 사실 우리가 어떤 물건을 자로 잰다고 해도 그것은 물건 자체의 정확한 길이를 아는 것이 아니라 그의 근삿값(어림값)을 아는 것일 뿐입니다. 물론 오차가 얼마나 되느냐하는 정확도의 문제가 있기는 하지만 말입니다.

어쨌든 솔로몬 성전의 크기를 알아봅시다. 솔로몬의 성전은 길이(세로)가 60 규빗, 폭(가로)이 20 규빗인 직사각형 모양이므로, 성전 둘레의 길이는 모두

$$60 + 60 + 20 + 20 = 2 \times (60 + 20) = 2 \times 80 = 160 \text{ (규빗)}$$

입니다. 만약 1 규빗을 45cm라고 하면, 성전의 둘레는

$$160 \times 45 = 7200cm$$

가 됩니다.

길이가 긴 것을 측정하는 데 cm의 단위만 가지고서는 여러 가지로 불편한 점을 느끼게 됩니다. 이러한 이유로 1cm의 100배의 크기인 1m를 새로운 표준단위로 도입합니다. 즉

$$1\text{m} = 100\ \text{cm}$$

로 정하고 사용합니다. 따라서 솔로몬 성전의 둘레는 72m가 됩니다.

한편 cm의 눈금을 가지고 있는 자로 길이를 측정할 경우보다 더 정확하게 재려면 더 작은 단위가 필요합니다. 이러한 목적으로 1cm를 10등분한 길이를 1mm로 정합니다. 이렇게 하면

$$7200\text{cm} = 72000\text{mm}$$

가 됩니다. 또 등산로의 지도를 보면 m 단위도 쓰이지만 1000m를 넘는 경우에는 다른 단위가 사용되고 있는 것을 알 수 있습니다. 이때

사용되는 단위가 km 인데 이는 1000m의 길이를 의미합니다.

지금까지 우리가 실생활에서 길이를 재는 단위로 사용하는 것들 사이의 관계를 알아보았습니다. 즉 길이의 단위 mm, cm, m, km 사이의 관계를 살펴보면, m를 중심으로

$$1\text{mm} = \frac{1}{1000}\text{m}, \quad 1\text{cm} = \frac{1}{100}\text{m}, \quad 1\text{km} = 1000\text{m}$$

인 관계를 알 수 있습니다. 이렇게 보면 측정은 기하학적 도형을 수를 이용하여 대수적으로 나타내는 것을 가능하게 해주는 과정임을 알 수 있습니다.

그런데 왜 1m가 길이의 단위의 기준이 되었는지 아시나요? 처음에는 프랑스 과학아카데미가 1795년 적도에서 북극까지의 거리를 천만분의 1의 길이를 1 m(meter)로 기준으로 정하였습니다. 그러다가 1799년에는 백금-이리듐의 1미터 막대가 표준이 되었습니다. 그러나 이것을 다른 나라에서 1m의 기준을 만들려면 프랑스의 자를 빌려가야 되겠지요? 그러면 참 불편하겠지요? 그래서 1960년부터는 크립톤 86의 파장의 길이를 가지고 1미터를 정하였습니다. 크립톤 86의 파장의 길이는 지구상의 어느 실험실에서도 만들어 낼 수 있으므로 세계 어디서나 1m의 길이를 쉽게 확보할 수 있습니다. 다시 1983년에는 진공 속에서 빛이 $\frac{1}{299,792,458}$ 초 동안에 가는 거리를 1m로 정하게 됩니다. 이것은 물론 지구의 처음의 미터와 큰 차이는 없습니다. 이렇게 1m의 기준은 시대에 따라 달라져 왔습니다. 그러므로 우리가 가지고 있는 잣대는 완전한 것이 아니라는 말도 되겠네요.

길이의 단위를 정한 것과 같이 표준 단위넓이를 정할 필요가 있습니다. 한 변의 길이가 1cm인 정사각형의 넓이를 $1cm^2$라 하고, 이것을 단위 넓이로 사용합니다. 한편 큰 평면도형을 단위넓이 $1cm^2$를 가지고 나타내기에는 너무 숫자가 커집니다. 이러한 불편을 덜고자, 한 변의 길이가 1m인 정사각형의 넓이를 $1m^2$로 정합니다. 그런데 1m = 100cm 이므로

$$1m^2 = (100\ \text{cm}) \times (100\ \text{cm}) = 10000\ cm^2$$

인 관계식을 얻게 됩니다.

더욱이 큰 운동장의 경우에는 넓이를 m^2 단위로 나타내기에는 숫자가 너무 커서 불편합니다. 이와 같은 불편을 덜기 위하여 새로운 단위를 이용하기도 합니다. 예를 들면 한 변의 길이가 10m인 정사각형의 넓이를 1아르(a: are)라 합니다. 즉

$$1\text{a} = 100m^2$$

이고, 100 a를 1 헥타 아르(ha: hecta are) 즉

$$1\text{ha} = 100\ \text{a} = 10000m^2$$

입니다. 또 어떤 지역과 같이 더 넓은 곳의 넓이는 한 변의 길이가 1km인 정사각형의 넓이를 단위로 사용하는데, 이때

$$1\text{k}m^2 = 1000000m^2$$

가 됩니다.

길이의 단위 사이의 관계를 이용하여 여러 가지 넓이의 단위를 필요에 따라 다른 단위로 환산하는 활동도 필요합니다. 예를 들어 성전은 가로가 20 규빗, 세로가 60 규빗인 직사각형이므로, 성전의 넓이는

$$20 \times 60 = 1200 \ (\text{규빗})^2$$

이 됩니다. 그런데 1 규빗은 45cm이므로

$$1\ (\text{규빗})^2 = 45\text{cm} \times 45\ \text{cm} = 2025\ cm^2$$

입니다. 따라서 성전의 넓이는

$$\begin{aligned} 1200 \times 2025 &= 2430000cm^2 \\ &= 243m^2 \\ &= 2.43a \end{aligned}$$

로 나타낼 수 있습니다.

길이나 넓이에서 그랬듯이 부피가 큰 직육면체의 부피를 나타내기 위하여 $1cm^3$ 대신 한 변의 길이가 1m인 정육면체의 부피를 $1m^3$라 하는 새로운 부피의 단위를 도입합니다. 그런데 1m = 100 cm 이므로

$$1m^3 = (100\ \text{cm}) \times (100\ \text{cm}) \times (100\ \text{cm}) = 1000000\ cm^3$$

가 됩니다. 위의 세제곱미터와 세제곱센티미터 사이의 관계를 이용하여 서로 다른 단위로 나타낼 수 있습니다.

또 작은 들이의 단위를 나타내기 위하여 안치수의 길이가 1cm인 정육면체의 들이를 1mL라고 합시다. 즉

$$1\text{mL} = 1cm^3$$

가 됩니다.

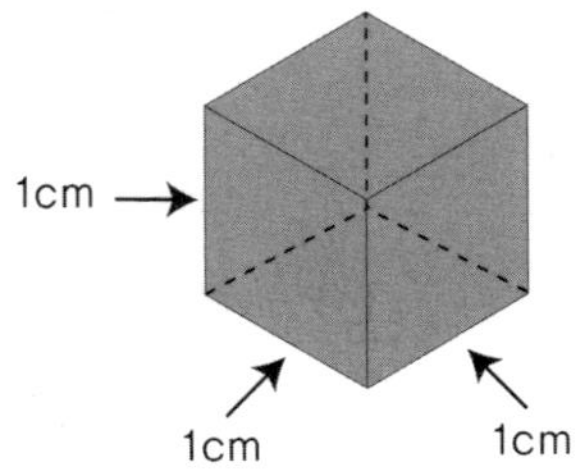

들이는 안치수를 잰다.

그런데 $1L = 1000\ cm^3$이고 $1mL = 1cm^3$이므로

$$1L = 1000\ mL$$

의 관계를 알 수 있습니다. 위의 표준단위를 이용하면 자리수의 표현에 따라

$$\begin{aligned}1L\ 500mL &= 1\ L + 500\ mL \\ &= 1000\ mL + 500mL \\ &= 1500mL\end{aligned}$$

로 바꾸어 나타낼 수 있습니다. 사실 부피도 기본적으로 길이의 단위에서 오므로 10의 배수로 표현됩니다.

예를 들어 노아의 방주의 크기는 길이가 삼백 규빗, 너비가 오십 규빗, 높이가 삼십 규빗이므로, 부피는

$$300 \times 50 \times 30 = 450{,}000 \qquad (\text{규빗})^3$$

입니다. 그런데 1 규빗은 45cm 이므로,

$$\begin{aligned}450{,}000(\text{규빗})^3 &= 450{,}000 \times 45 \times 45 \times 45\ (cm^3) \\ &= 41{,}006{,}250{,}000\ cm^3 \\ &= 41{,}006\ m^3\end{aligned}$$

나 되는 배입니다. 이렇게 큰 배를 건조하는 데에는 많은 노력과 시간이 필요했겠지요?

앞에서도 언급했지만, 측정은 기하학적 도형을 실수를 이용하여 대수적으로 나타내는 것을 가능하게 해주는 과정입니다. 측정을 위해서

(1) 측정할 대상과 측정 요소를 결정하고(예를 들면, 길이, 넓이, 부피, 온도, 시각 등)

(2) 측정요소를 측정하기 위한 측정 단위를 정하고

(3) 측정요소를 측정한 단위의 수를 정하여야 한다.

는 것을 알 수 있습니다.

그런데 규빗 등과 같이 신체의 일부를 이용한 측정 단위는 서로 다른 구체적 사물을 기준으로 하기 때문에 불편한 점이 있고, 이러한 점들을 극복하기 위해서 다음과 같은 이상적인 측정 단위를 도입할 필요가 있다는 것을 알아보았습니다.

(1) (이동성) 기본 단위는 구체적 대상이 없더라도 쉽게 다룰 수 있어야 한다.

(2) (호환성) 같은 것을 측정하는 단위 사이에는 간단한 비례 관계가 있어야 한다.

(3) (연계성) 다른 종류(길이, 넓이, 부피 등)의 측정 단위도 다른 것으로 정의될 수 있어야 한다.

구약성경에 나타난 길이의 잣대와 지금의 잣대가 서로 달라 성전이 얼마나 큰지를 가늠하기 어려웠으나, 대수적 과정을 거쳐 성전의 크기

를 알아 볼 수 있었습니다. 이와 같이 수학은 그냥 세는 것뿐만 아니라 역사와 문화를 탐구해 가며 성경을 좀 더 잘 이해하는데도 도움을 줍니다.

Chapter 27

함수와 아담의 이름 짓기

27 Chapter 함수와 아담의 이름 짓기

다음은 김춘수 시인의 1959년 작품인 <꽃의 소묘(素描)>입니다.

내가 그의 이름을 불러 주기 전에는
그는 다만
하나의 몸짓에 지나지 않았다.
내가 그의 이름을 불러 주었을 때
그는 나에게로 와서
꽃이 되었다.
내가 그의 이름을 불러 준 것처럼
나의 이 빛깔과 향기(香氣)에 알맞는
누가 나의 이름을 불러다오.
그에게로 가서 나도
그의 꽃이 되고 싶다.
우리들은 모두
무엇이 되고 싶다.
너는 나에게 나는 너에게
잊혀지지 않는 하나의 의미가 되고 싶다.

위의 <꽃의 소묘>에서 시인은 하나의 몸짓에 지나지 않았던 것이 이름을 붙여줌으로 꽃이 되었다고 말하고 있습니다. 사실 많은 사물들이 그렇습니다. 그냥 있는 것 자체로는 의미가 없습니다. 그것의 이름을 붙여줄 때 그 의미가 전해집니다. 물론 이름을 붙일 때는 그냥 아무렇게나 이름을 짓는 것은 아닙니다. 왜냐하면 그것의 성질을 잘 파악하여 그것에 꼭 맞는 이름을 붙여주기 때문입니다.

이와 같이 생물에 이름을 붙여주는 장면을 성경에서도 찾아볼 수 있습니다. 다음은 구약성경의 <창세기> 2장의 일부분입니다.

18 여호와 하나님이 이르시되 사람이 혼자 사는 것이 좋지 아니하니 내가 그를 위하여 돕는 배필을 지으리라 하시니라
19 여호와 하나님이 흙으로 각종 들짐승과 공중의 각종 새를 지으시고 아담이 무엇이라고 부르나 보시려고 그것들을 그에게로 이끌어 가시니 아담이 각 생물을 부르는 것이 곧 그 이름이 되었더라
20 아담이 모든 가축과 공중의 새와 들의 모든 짐승에게 이름을 주니라 아담이 돕는 배필이 없으므로
21 여호와 하나님이 아담을 깊이 잠들게 하시니 잠들매 그가 그 갈빗대 하나를 취하고 살로 대신 채우시고
22 여호와 하나님이 아담에게서 취하신 그 갈빗대로 여자를 만드시고 그를 아담에게로 이끌어 오시니
23 아담이 이르되 이는 내 뼈 중의 뼈요 살 중의 살이라 이것을 남자에게서 취하였은즉 여자라 부르리라 하니라
24 이러므로 남자가 부모를 떠나 그의 아내와 합하여 둘이 한 몸을 이룰지로다.

(창세기 2:18 – 24)

네덜란드 화가 히에로니무스 보스(1450-1516)의 〈에덴동산〉 [40]

위 <창세기> 2장의 내용 중에는, 하나님이 천지를 만드신 다음 아담이 만물에게 이름을 어떻게 붙이는가를 보고 계십니다. 물론 아담이 이름을 붙이는 대로 각 생물의 이름이 하나로 결정되었습니다. 그만큼 하나님은 아담을 신뢰하고 모든 생물을 관리하고 다스릴 수 있는 축복을 주셨습니다. 즉 <창세기> 1장에서와 같이 하나님은 아담을 위해 모든 것을 예비하시고 또 모든 것을 아담에게 맡기셨습니다.

28 하나님이 그들에게 복을 주시며 하나님이 그들에게 이르시되 생육하고 번성
하여 땅에 충만하라, 땅을 정복하라, 바다의 물고기와 하늘의 새와 땅에 움직
이는 모든 생물을 다스리라 하시니라

(창세기 1:28)

사실 아담은 우리를 대표하므로, 하나님은 우리 모두에게 지구상의 모든 것을 맡기신 것과 같습니다. 다시 말하면 하나님은 이 세상을 우리를 위해 만드셨습니다. 그리고 우리에게 이 세상의 모든 생물을 다스릴 수 있는 축복을 주셨습니다. 그러므로 우리는 하나님이 우리에게 맡기신 지구를 잘 보존하고 가꿀 의무가 있습니다. 그렇다고 해서 모든 것을 '마음대로' 다 할 수 있는 권한을 주신 것은 아닙니다. 동산에 있는 나무 중에 예외를 두셨습니다. 예를 들어 선악을 아는 나무 열매입니다.

17 선악을 알게 하는 나무의 열매는 먹지 말라 네가 먹는 날에는 반드시 죽으리
라 하시니라

(창세기 2:17)

이때 선과 악이란 어떤 기준에서 일까요? 선악과를 따 먹은 것이 '믿지 않는 사람들'의 기준으로 볼 때 악일까요? 아니, 그렇지 않을 수도 있습니다. 그러나 '믿는 사람들'의 눈으로 보면 악입니다. 믿는 사람들은 '하나님의 기준'으로 산과 악을 구분하고, 믿지 않는 사람들은 '사람의 기준'으로 판단합니다. 그러므로 선과 악, 참과 거짓은 사람들의 '기준'에 따라 다를 수 있습니다. 그런데 서로 판단의 기준이 다르면 사람들 사이의 관계에서 많은 혼란을 불러일으킬 것입니다. 따라서

우리는 서로 간에 합의할 수 있는 '어떤 기준'을 만들고, 그 기준을 잣대로 선과 악, 참과 거짓을 판단하게 됩니다. 설득력 있게 대화하려면 이러한 기준을 바탕으로 논리적으로 전개하여야 합니다. 논리에 대해서는 뒤에서 좀 더 자세히 이야기 하겠지만, 논리적 전개를 훈련하는 좋은 장소가 수학입니다.

<꽃의 소묘>에서와 같이 이름을 짓는 것도 마찬가지입니다. 물건의 이름을 부르면 우리는 그 물건이 무엇인지를 압니다. 책상은 어떤 기능을 하는 것이고 의자는 어떤 기능을 하는 것인지 대화에 혼동이 없습니다. 왜냐하면 사물 하나에 하나의 이름이 붙여졌기 때문입니다. 이와 같이 하면 한편에는 사물들의 집합이 있고 또 다른 한편에는 이름(말)들의 집합이 있어, 두 집합 사이에 짝을 짓되 각각의 사물 하나 하나에 이름 하나를 짝지어주는 것과 같습니다. 이런 관계를 수학에서는 함수라고 부릅니다.

예를 들면, 집합 $A = \{1, 2, 3\}$, $B = \{1, 4, 9, 12\}$일 때 A에서 B로 제곱수를 대응시키는 함수를 다음과 같이 표로 나타낼 수 있습니다.

A	$\rightarrow$	B
1	$\mapsto$	1
2	$\mapsto$	4
3	$\mapsto$	9
		12

함수는 function의 의미를 따서 붙인 이름이 아니라 음을 따서 번역한 음역으로 중국의 <대미적습급(代微積拾級, 1895)>에 나옵니다. 그러나 function이 기능, 작용의 뜻을 가지고 있는 것과 마찬가지로 함수는 입력(input) 된 것이 블랙박스(black box)를 통과하여 나온 출력(output)을 나타내는 의미를 가지고 있으므로 단순한 음역 이상의 의미를 지닙니다. 이런 함수를 역동적으로 나타내기 위하여, 암흑상자(black box)처럼 그리고, 입력과 출력을 나타내므로 함수를 나타낼 수 있습니다. 출력함수의 기호로 자주 쓰이는 $f(x)$는 1734년 오일러(Euler:1707-1783)에 의하여 처음으로 사용되었으며, 집합 A에서 B로의 함수를

$$f : A \rightarrow B$$

와 같이 나타냅니다.

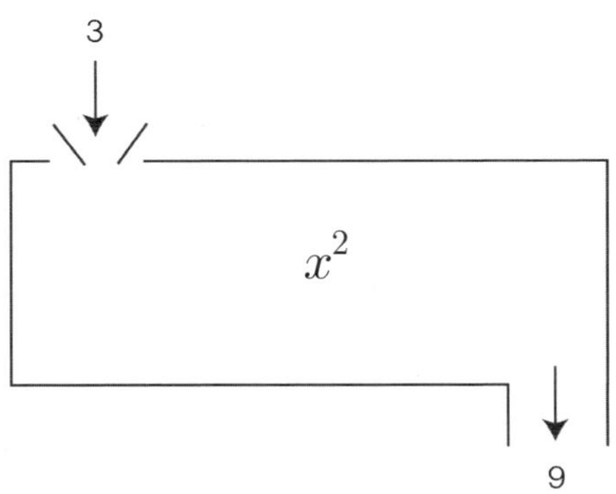

함수의 의미를 나타내는 암흑상자(블랙박스)

성경을 믿는 사람들의 기도에 관한 한 블랙박스는 마치 하나님과 같습니다. 기도는 블랙박스인 하나님께 부탁하는 입력이며 그 결과는

하나님인 블랙박스를 통하여 나온 출력입니다. 물론 그 응답은 하나님의 잣대로 보면 우리에게 최선으로 주어지는 출력물일 것입니다. 그럼에도 불구하고 그것을 우리의 눈으로 보면 그렇지 않을 수도 있습니다. 하나님의 출력에 대하여 어떻게 반응하느냐가 기독교인의 믿음의 척도인지 모르겠습니다. 신약성경의 <마태복음>에서 다음과 같이 약속하셨기 때문입니다.

> **7** 구하라 그리하면 너희에게 주실 것이요 찾으라 그리하면 찾아낼 것이요 문을 두드리라 그리하면 너희에게 열릴 것이니
> **8** 구하는 이마다 받을 것이요 찾는 이는 찾아낼 것이요 두드리는 이에게는 열릴 것이니라
> **9** 너희 중에 누가 아들이 떡을 달라 하는데 돌을 주며
> **10** 생선을 달라 하는데 뱀을 줄 사람이 있겠느냐
> **11** 너희가 악한 자라도 좋은 것으로 자식에게 줄 줄 알거든 하물며 하늘에 계신 너희 아버지께서 구하는 자에게 좋은 것으로 주시지 않겠느냐
>
> (마태복음 7:7-11)

기독교에서 하나님의 마음을 꿰뚫기가 쉽지 않지만 수학에서 함수는 블랙박스의 기능을 알면 입력에 대한 출력을 사람의 눈으로도 예측할 수 있게 해줍니다. 이러한 예측이 가능하려면 두 집합 사이의 관계를 통하여 규칙성을 찾아야 합니다.

Chapter 28

규칙 찾기와 모세의 십계명

28 Chapter 규칙 찾기와 모세의 십계명

어린이들이 잘 부르는 동요 중 '머리-어깨-무릎-발'과 노래에는 어떤 규칙이 있습니다. 우리 생활 주변에는 비단 노래뿐만 아니라 여러 가지의 규칙이 있습니다. 예를 들어 자동차 연료의 소모량과 자동차가 달리는 거리, 산의 높이와 기온, 이자율과 이자, 태양의 높이와 그림자의 방향과 길이 등과 같이, 우리 주위에는 서로 일정한 관계를 가지고 변하는 수량들이 많이 있습니다. 만약 이들 변하는 수량 사이의 관계를 식으로 나타낼 수 있으면, 모든 경우를 하나하나 조사하지 않고도 우리가 필요한 정보를 얻어낼 수 있는 좋은 점이 있습니다. 간단한 예로 수의 나열

1 2 3 4 ... , 2 13 24 35 46...

등과 같은 것에서 규칙성을 찾아볼 수 있습니다. 그러면 우리는 다음의 수가 어떤 수인지를 알 수 있습니다.

물론 규칙성은 수에서 뿐만 아니라 도형의 나열에서도 찾아볼 수 있습니다. 늘어놓은 입체도형의 모양을 보고 규칙을 발견하면 그 규칙에 따라 다음에 나타날 모양을 추론하게 할 수 있습니다. 예를 들면 상자모양을 1, 둥근 기둥 모양을 2, 공 모양을 3이라 하면, 다음 그림은 각각

1 2 1 2 1 2 1 2 ...., 와 3 1 1 3 1 1 3 1 1 ...
으로 나타내어집니다.

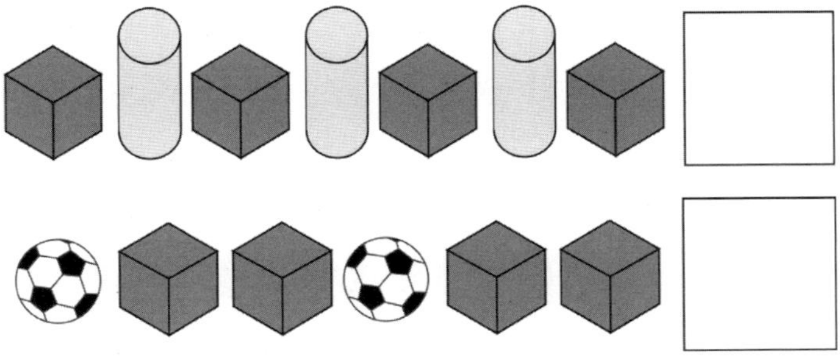

도형의 나열을 수의 나열로 바꾸어 표현하면 규칙성을 쉽게 확인할 수 있다.

또 도형에서의 규칙성을 발견하는 것을 넘어 세발자전거 대수를 동그라미, 바퀴 수를 네모라고 할 때, 동그라미와 네모의 수의 관계를 표로 나타내면 아래와 같습니다.

동그라미	1	2	3	4	5	...
네모	3	6	9	12	15	...

따라서 동그라미와 네모의 수의 관계를 식으로 나타내면

(동그라미의 수) = 3×(네모의 수)

와 같다는 것을 알 수 있습니다. 이와 같이 두 수의 대응관계를 식으로 나타내면 위와 같은 대응 표를 만들지 않고서도 네모의 수에 대응하는 동그라미의 수를 알 수 있습니다.

두 집합의 대응 관계에서, 특별히 한 변수에 대하여 대응하는 값이 꼭 한 가지가 대응하는 관계를 함수라고 합니다. 그런데 학교수학에서는 위의 동그라미와 네모 사이의 관계와 같이 일정한 규칙성을 가지고 그 관계를 구체적인 식으로 나타낼 수 있는 것에 대해서만 함수라고 생각하는 경향이 있습니다. 예를 들면, 삼각형의 세변의 길이에 따른 삼각형의 넓이, 원에서 중심각의 크기에 따른 현의 길이 등과 같이 변의 길이나 중심각의 크기가 결정되면 그에 대응하는 넓이나 현의 길이를 식으로 나타낼 수 있으므로 이들 관계는 함수라고 생각합니다. 그러나 자연수 n보다 작은 소수의 개수 등과 같이, n의 값이 주어질 때 그것보다 작은 소수의 개수가 몇 개인지 구체적으로 알 수는 없어도 유일한 값으로 존재하는 것도 있습니다. 이와 같은 것들은 함수임에도 불구하고 구체적인 식으로 나타내기 어렵다고 하여 함수가 아니라고 생각합니다.

이제 성경 속에서 함수 관계가 있는 곳을 찾아봅시다. 이스라엘 백성이 이집트 파라오의 압제에서 모세의 인도 아래 탈출하는 출애굽 장면이 나옵니다. 이 장면은 영화 <십계>에 생생하게 묘사되어 있습니다. 모세가 시내산에 올라가 하나님을 만나고 있는 동안 이스라엘 백성들은 세상 것에 도취되어 황금송아지와 같은 우상을 만들고 절하며 무질서한 생활을 합니다. 이때 모세가 하나님께 받은 십계명 돌판 둘을 들고 나타나지요.

이 장면을 구약성경 <신명기>에는 다음과 같이 기록하고 있습니다.

1 모세가 온 이스라엘을 불러 그들에게 이르되 이스라엘아 오늘 내가 너희의 귀

에 말하는 규례와 법도를 듣고 그것을 배우며 지켜 행하라
2 우리 하나님 여호와께서 호렙 산에서 우리와 언약을 세우셨나니
3 이 언약은 여호와께서 우리 조상들과 세우신 것이 아니요 오늘 여기 살아 있는
우리 곧 우리와 세우신 것이라
4 여호와께서 산 위 불 가운데에서 너희와 대면하여 말씀하시매
5 그 때에 너희가 불을 두려워하여 산에 오르지 못하므로 내가 여호와와 너희 중
간에 서서 여호와의 말씀을 너희에게 전하였노라 여호와께서 이르시되
6 나는 너를 애굽 땅, 종 되었던 집에서 인도하여 낸 네 하나님 여호와라
7 나 외에는 다른 신들을 네게 두지 말지니라
8 너는 자기를 위하여 새긴 우상을 만들지 말고 위로 하늘에 있는 것이나 아래로
땅에 있는 것이나 땅밑 물 속에 있는 것의 어떤 형상도 만들지 말며
9 그것들에게 절하지 말며 그것들을 섬기지 말라 나 네 하나님 여호와는 질투하
는 하나님인즉 나를 미워하는 자의 죄를 갚되 아버지로부터 아들에게로 삼사
대까지 이르게 하거니와
10 나를 사랑하고 내 계명을 지키는 자에게는 천 대까지 은혜를 베푸느니라
11 너는 네 하나님 여호와의 이름을 망령되이 일컫지 말라 나 여호와는 내 이름
을 망령되이 일컫는 자를 죄 없는 줄로 인정하지 아니하리라
12 네 하나님 여호와가 네게 명령한 대로 안식일을 지켜 거룩하게 하라
13 엿새 동안은 힘써 네 모든 일을 행할 것이나
14 일곱째 날은 네 하나님 여호와의 안식일인즉 너나 네 아들이나 네 딸이나 네
남종이나 네 여종이나 네 소나 네 나귀나 네 모든 가축이나 네 문 안에 유하
는 객이라도 아무 일도 하지 못하게 하고 네 남종이나 네 여종에게 너 같이
안식하게 할지니라
15 너는 기억하라 네가 애굽 땅에서 종이 되었더니 네 하나님 여호와가 강한 손
과 편 팔로 거기서 너를 인도하여 내었나니 그러므로 네 하나님 여호와가 네
게 명령하여 안식일을 지키라 하느니라
16 너는 네 하나님 여호와께서 명령한 대로 네 부모를 공경하라 그리하면 네 하
나님 여호와가 네게 준 땅에서 네 생명이 길고 복을 누리리라
17 살인하지 말지니라

18 간음하지 말지니라
19 도둑질 하지 말지니라
20 네 이웃에 대하여 거짓 증거하지 말지니라
21 네 이웃의 아내를 탐내지 말지니라 네 이웃의 집이나 그의 밭이나 그의 남종
이나 그의 여종이나 그의 소나 그의 나귀나 네 이웃의 모든 소유를 탐내지 말
지니라.

(신명기 5: 1- 21)

모세가 십계명을 들고 있는 영화 〈십계〉의 포스터 [41]

위의 성경에서 십계명의 순서 1, 2, ..., 10과 그것에 대응하는 계명을 표로 나타내면 다음과 같습니다.

번호	계명
1	나 외에는 다른 신을 섬기지 말라
2	너를 위하여 우상을 만들지 말라
3	여호와의 이름을 망녕되이 일컫지 말라
4	안식일을 지켜 거룩하게 하라
5	네 부모를 공경하라
6	살인하지 말라
7	간음하지 말라
8	도둑질하지 말라
9	네 이웃에 대하여 거짓 증거하지 말라
10	네 이웃의 아내를 탐내지 말라

위의 관계를 살펴보면 규칙의 번호에 꼭 한 가지 계명만이 대응됩니다. 따라서 이런 규칙은 함수가 됩니다. 이와 같이 함수의 관계는 반드시 수학에만 있는 것이 아니라 구체적인 식으로 나타낼 수 없을지라도 일상생활에서 많이 찾아볼 수 있습니다.

Chapter 29

수학적 논리와 성경적 진리

29 Chapter 수학적 논리와 성경적 진리

신약성경의 <요한복음> 14장 6절에는 다음과 같은 말씀이 있습니다.

6 예수께서 이르시되 내가 곧 길이요 진리요 생명이니 나로 말미암지 않고는 아버지께로 올 자가 없느니라.

(요한복음 14:6)

예수 그리스도: 소피아 대성당의 모자이크 [42]

여기서 진리란 참을 말합니다. 그런데 참이란 무엇일까요? 또 참의 반대인 거짓은 무엇이며, 이들을 어떻게 판단할 수 있을까요? 물론 참과 거짓은 판단하는 기준이 무엇이냐에 따라 달라질 수 있습니다. 예를 들어 '하나님이 천지를 창조했다.'는 성경을 믿는 사람들에게는 참이지만 그렇지 않은 사람들에게는 한낱 거짓일 수 있습니다. 한편 '사람의 조상은 원숭이이다.' 즉 '사람은 원숭이로부터 진화하였다.'라는 주장은 현상적 사실만을 믿으려는 사람에게는 참일지 모르지만 하나님의 존재를 믿는 사람들에게는 거짓이 될 수 있습니다. 이와 같이 '하나님 중심'의 기준이냐 아니면 온전히 '사람 중심'의 기준이냐에 따라 참이냐 거짓이냐가 달라질 수 있습니다. 한편 '이 음식은 맛있다.'와 같은 문장(sentence)도 사람마다 기준이 달라 이것이 참인지 거짓인지를 명확히 판별할 수 없습니다. 그러나 이와 같은 문장도 일상생활에서의 대화에서는 자주 사용됩니다. 가끔은 의견 충돌로 다툼이 일어나기도 하지만 말입니다.

이런 혼란을 피하기 위하여 우리는 서로 간의 기준을 명확히 한 다음 대화를 시작할 필요가 있습니다. 그런 이유로 수학에서는 참과 거짓을 판단하기가 분명한 문장만 다룹니다. 이 문장을 수학적 문장 즉 명제(statement)라고 합니다. 그러니 '문장'이 어느 것을 말하는지 잘 이해할 필요가 있습니다. 예를 들면

(1) $2 + 7 = 9$ (참) (2) $5 < 0$ (거짓)

은 모두 참과 거짓을 판별할 수 있는 것이므로 (수학적) 문장입니다.

새로운 명제 여러 개의 명제를 가지고 만들어 질 수도 있습니다. 처음 명제이든 새롭게 만들어진 명제이든 명제가 참이냐 거짓이냐를 기

준에 의해 참이냐 거짓이냐를 따져가는 것이 논리라고 할 수 있습니다. 따라서 논리는 수학의 가장 특징적인 성질 중의 하나입니다. 논리를 하는 데는 조금 어렵게 느껴질 수 있겠지만 기호를 사용하여 설명하는 것이 뜻이 분명히 전달될 것 같습니다.

예를 들면 "햇빛이 비친다." 라는 명제를 p라 할 때, 이의 부정(negation)은 "햇빛이 비치지 않는다."이고 이것을 $\sim p$로 나타내기로 합니다. 따라서 어떤 명제가 참이면 그의 부정은 거짓이고, 주어진 명제가 거짓이면 그의 부정은 참입니다. 이런 관계를 다음과 같은 진리표(truth table)를 가지고 나타낼 수 있습니다.

p	~p
T	F
F	T

또 두 개 이상의 명제를 결합하여 만든 명제를 합성명제(compound statement)이라고 합니다. 명제를 합성하는 대표적인 연결어는 "그리고", "또는", "만약... 이면, 그러면...", "필요충분" 등이 있습니다. 이제 이들의 진리표에 대하여 알아봅시다.

먼저 명제 p를 "비가 온다."라 하고, 명제 q를 "햇빛이 비친다."라고 하면, "비가 오고 햇빛도 비친다."라는 명제를 p와 q의 곱(conjunction)

이라고 합니다. 또 이것을 기호

$$p \wedge q$$

로 나타냅니다. 두 명제의 곱은 p와 q가 모두 참일 때 참인 명제가 됩니다. 이것을 진리표로 나타내면 다음과 같습니다. 따라서 p와 q의 곱은 p와 q가 모두 참일 때만 참이 됩니다.

p	q	$p \wedge q$
T	T	T
T	F	F
F	T	F
F	F	F

한편, 명제 "비가 오거나 햇빛이 비칠 것이다."를 p와 q의 합(disjunction)이라 합니다. 이때 이것은 "p 또는 q"이며 기호

$$p \vee q$$

로 나타냅니다. 이 경우 p와 q 중 하나가 참이면 $p \vee q$가 참이 됩니다. 이것을 진리표로 나타내면 다음과 같습니다.

p	q	$p \vee q$
T	T	T
T	F	T
F	T	T
F	F	F

사실 우리 생활에서 자주 쓰이는 문장은 조건이 있는 문장입니다. 이런 문장은 "p이면, q" 즉 "만약... 이면, 그러면..."의 형태를 가지며, 이것을 기호로

$$p \rightarrow q$$

와 같이 나타냅니다. 이와 같은 명제를 함의(implication) 또는 조건문(conditional statement)이라고 하며, p를 가정(hypothesis), q를 결론(conclusion)이라고 합니다. 예를 들어, "평균 90점 이상을 받으면, 수를 받는다."라는 조건문에서 가정 p는 "평균 90점 이상을 받는다." 이고 결론 q는 "수를 받는다."입니다. 이때 다음의 네 가지 경우가 생깁니다.

평균(90점 이상)	평가(수)	약속 이행
Y	Y	Y
Y	N	N
N	Y	Y
N	N	Y

위의 예를 통해서 다음과 같은 진리표를 얻을 수 있습니다.

p	q	$p \to q$
T	T	T
T	F	F
F	T	T
F	F	T

또 조건문 $p \to q$와 이의 대우인 조건문 $\sim q \to \sim p$의 진리표는 다음과 같습니다.

p	q	$\sim p$	$\sim q$	$p \to q$	$\sim q \to \sim p$	$q \to p$	$\sim p \to \sim q$
T	T	F	F	T	T	T	T
T	F	F	T	F	F	T	T
F	T	T	F	T	T	F	F
F	F	T	T	T	T	T	T

위의 진리표에서, $p \to q$와 $q \to p$의 진리표가 항상 같지는 않습니다. 그러나 $p \to q$와 그의 대우 $\sim q \to \sim p$의 진릿값은 같습니다. 이와 같이 진릿값이 같은 두 명제를 논리적으로 동치(logically equivalent)인 명제라고 합니다. 예를 들면 $p \to q$의 진리표와 $\sim p \vee q$의 진리표의 진리표를 그리면 다음과 같으므로, 이 두 명제는 동치명제입니다.

p	q	$p \to q$	$\sim p \vee q$
T	T	T	T
T	F	F	F
F	T	T	T
F	F	T	F

이제 우리가 사용하는 많은 말 중에 논리적으로 타당하지 않는 경우를 살펴볼까요? 신약성경 <마태복음>에는 다음과 같은 예수님의 말씀이 있습니다.

28 수고하고 무거운 짐 진 자들아 다 내게로 오라 내가 너희를 쉬게 하리라
(마태복음 11:28)

위의 말씀은 "내게로 오면, 너희를 쉬게 한다."입니다. 일상에서는 많은 사람들이 이 문장의 부정을 "내게로 오지 않으면 너희를 쉬게 하지 않겠다." 또는 "내게로 오면 너희를 쉬지 않게 하겠다."와 같이 말합니다. 그래도 문제없이 대화가 가능한 경우가 많습니다. 그러나 논리적으로 따져보면 그렇지 않습니다. 이 문장을

p: 내게로 온다.

q: 쉬게 한다.

로 나타낼 수 있습니다. 그런데 $p \rightarrow q$와 $\sim p \vee q$은 동치이므로, $p \rightarrow q$의 부정은 $\sim p \vee q$의 부정즉

$$\sim(\sim p \vee q) = p \wedge \sim q$$

입니다. 따라서 "내게로 오면, 너희를 쉬게 한다."의 부정은 "내게로 오고 쉬지 않게 하겠다."입니다. 다시 말하면 "내게로 와도 너희를 쉬지 않게 하겠다."입니다. 이와 같이 논리는 좀 복잡하기도 하고 문장이 부드럽지 않게 느껴지지만 뜻을 분명히 하는 역할을 해줍니다.

또 신약성경 <마태복음> 7장 21절에서 천국에 대해서 다음과 같이 말합니다.

21 나더러 주여 주여 하는 자마다 다 천국에 들어갈 것이 아니요 다만 하늘에 계
신 내 아버지의 뜻대로 행하는 자라야 들어가리라.

(마태복음 7:21)

즉, 천국에 들어가려면 주를 주로 인정할 뿐만 아니라 하나님의 뜻대로 행하여야 한다고 말하고 있습니다. 여기서 '주를 알면 천국에 갈 것이다.'라는 명제를 생각해 봅시다. 그러면 다음의 네 가지 경우를 생각해 볼 수 있다.

앎	행함	천국
안다.	뜻대로 행한다.	들어 간다
안다.	뜻대로 행하지 않는다.	들어가지 못한다
모른다.	뜻대로 행한다.	들어가지 못한다
모른다.	행하지 않는다.	들어가지 못한다

이제 '주를 안다.'와 '아버지의 뜻대로 행한다.'를 T, '주를 모른다.'와 '아버지의 뜻대로 행하지 않는다.'를 F로 나타내면, 위의 표에서 주를 모르는 경우 가정이 '거짓'이므로 수학적 논리로는 참이므로, 하나님의 뜻대로 행하건 행하지 않던 천국에 들어가야 합니다. 그러나 성경에서는 아버지의 뜻대로 행하는 사람만이 천국에 들어가므로, '주를 몰라서 아버지의 뜻대로 행하지 못했다.'고 해서 천국에 들어갈 수 있는 것은 아닙니다.

그렇다고 해서 수학과 성경의 논리 전개가 다른 것은 아닙니다. 앞에서도 말했지만 어떤 가설 위에 이론을 전개해나가느냐에 따라 참과 거짓이 달라지는 것뿐입니다. 수학은 수학의 가설 위에 성경은 하나님의 가설 위에 세워진 것뿐입니다. 가설 위에 튼튼한 논리와 믿음을 세우면 자유로울 수 있습니다. 신약성경 <요한복음>에서는 다음과 같이 말합니다.

32 진리를 알지니 진리가 너희를 자유롭게 하리라.

(요한복음 8:32)

사실 수학의 특성 중 하나도 자유인데, 어렵게 느껴질 수도 있지만 수학적 진리의 범위를 넓혀감으로 자유를 얻을 수 있습니다.

Chapter 30

인공지능과 하나님의 창조인간

30 Chapter 인공지능과 하나님의 창조인간

사람들은 논리를 이용하여 자신들보다 계산을 빨리 할 수 있는 컴퓨터를 만들었습니다. 이런 컴퓨터 중에 바둑을 두는 컴퓨터 알파고(AlphaGo)가 있습니다. 물론 여기서 '알파'는 그리스 알파벳의 처음 글자이고 '고'는 바둑의 영어표현입니다. 알파고와 세상에서 바둑을 가장 잘 두는 사람과의 대결에서 과연 컴퓨터가 사람을 이길 수 있을까 하고 온 세상 사람들의 관심이 집중되었습니다. 아무리 빠른 컴퓨터라도 무궁무진한 바둑의 수(경우) 때문에 바둑 고수의 능력을 따라가지 못할 것을 기대하면서 말입니다. 그런데 불행인지 다행인지는 모르겠지만 컴퓨터가 이 세상에서 바둑을 제일 잘 두는 사람들을 이겨 버렸습니다.

알파고는 저장된 정보뿐만 아니라 규칙에 의하여 스스로 학습하는 능력이 있어, 앞으로는 인공지능을 담은 컴퓨터가 자기학습을 통하여 인간을 지배할 것이라는 우울한 전망까지 합니다. 실제로 인공지능 컴퓨터 왓슨(Watson)은 이미 병원에서 의사들이 판단해야하는 질병을 진단하고 처방하는 방법을 제시하고 있습니다. 이를 보고 앞으로는 컴퓨터가 의사를 대신할 것이므로 의사가 필요가 없을 것이라고 섣부른

판단을 합니다. 더욱이 이와 같은 컴퓨터가 모든 부분에 이용되면 우리의 직업은 앞으로 어떻게 바뀔까 걱정하는 사람들도 많이 있습니다. 그렇다고 컴퓨터가 인간의 영역을 모두 담당하게 될까요?

계산기를 처음으로 발명한 사람은 파스칼(Pascal:1623-1662)입니다. 그러나 1642년 발명된 그의 계산기는 덧셈과 뺄셈만 가능한 것이었습니다. 이것을 개량하여 1694년에 덧셈과 뺄셈뿐만 아니라 곱셈과 나눗셈까지도 가능한 계산기를 발명한 사람은 라이프니츠(Leibniz:1646-1716)입니다. 파스칼의 계산기와는 달리 라이프니츠의 계산기는 모든 수를 0과 1로 나타내는 소위 이진법의 체계를 사용하고 있습니다. 그런데 0과 1은 각각 거짓과 참을 나타내는 것으로 볼 수 있습니다. 실제로 라이프니츠는 논리계산을 염두에 두고 모든 자연과학에 적용할 수 있는 사고체계를 세우려고 노력하였습니다.

파스칼이 발명한 최초의 계산기 [43]

수학체계에서 논리를 기호로 다룬 사람은 드 모르간(De Morgan:1806-1871)과 부울(Boole:1815-1864)입니다. 드 모르간은 런던수학회의 공동설립자이자 초대 회장이 되었으며, 수학의 개념을 논리의 바탕위에 세웠고, 논리를 수학적으로 다루었습니다. 부울은 1847년에 논리적 추론을 수치적, 대수적으로 취급하는 기초가 되는 책을 출간하였습니다. 1854년에 간행된 두 번째 책에 나타난 논리 기호연산인 부울 대수는 컴퓨터의 논리체계의 기초가 됩니다. 부울의 진리표를 0, 1로 바꾸면 논리회로가 되며, 이것이 20세기를 컴퓨터시대로 인도하는 것이 되었습니다.

사실 모든 수학이 논리적 추론에 의하여 전개되어야 한다는 부울의 생각이 가능성이 있다는 것을 구현한 것은 기호논리학자인 화이트헤드(Whitehead:1861-1947)와 수학자이자 철학자인인 러셀(Russell:172-1970)의 <프린키피아(Principia Mathematica:1910)>입니다. 여기서 그들은 수학을 모호함으로부터 벗어나기 위하여 형식적 언어로 표현하고자 집합론의 공리와 몇 개의 추론법칙을 사용하고 있습니다. 그러나 화이트헤드와 러셀은 그들의 논리체계의 엄밀성이 완전성과 양립할 수 없다는 것을 인식하지는 못하였습니다. 한편 논리학자인 괴델(Gödel:1906-1978)은 <프린키피아>의 언어로 표현되지만 그 공리체계로부터 나오지 않는 문장 "이 문장은 증명할 수 없다"를 만들어 냅니다. 즉 이 문장이 사실이면 이것은 증명할 수 없는 것이 되고, 그렇지 않으면 증명할 수 있게 되므로 화이트헤드와 러셀의 입장으로서는 거짓인 문장이 됩니다. 이렇게 함으로서 괴델의 불완전성 정리(incompleteness theorem)가 탄생하게 됩니다.

이와 같이 사람이 만든 논리체계는 전적으로 완전하지는 않습니다. 그런 이유로 수학적 체계에서는 몇 가지 제한을 두기도 합니다. 사람이 만들어낸 컴퓨터도 제한적인 능력이 있어 완전무결하지는 않습니다. 그러나 하나님의 세계는 다릅니다. 아주 완전함 그 자체이지요. 신약성경의 <요한 계시록>에서는 하나님의 완전성을 다음과 같이 기술하고 있습니다.

13 나는 알파와 오메가요 처음과 마지막이요 시작과 마침이라.

(요한 계시록 22:13)

그리스의 알파벳 처음문자인 알파와 마지막 문자인 오메가

컴퓨터의 능력은 사람이 제공한 알고리즘에 의해 결정됩니다. 모세의 능력도 마찬가지입니다. 모세가 이스라엘 백성을 이끌고 하나님이 약속한 땅 가나안에 가기 위해서는 광야를 지나야만 했습니다. 그러기 위해서는 이미 광야에 살고 있는 다른 민족과는 전쟁을 해야만 했으므로 이스라엘 백성 중 전쟁을 할 수 있는 사람이 몇 명인지 알 필요가 있게 되었습니다. 이 때문에 하나님은 모세에게 다음과 같이 말씀하는 것이 구약성경의 <민수기>에 나타나 있습니다.

1 이스라엘 자손이 애굽 땅에서 나온 후 둘째 해 둘째 달 첫째 날에 여호와께서 시내 광야 회막에서 모세에게 말씀하여 이르시되
2 너희는 이스라엘 자손의 모든 회중 각 남자의 수를 그들의 종족과 조상의 가문에 따라 그 명수대로 계수할지니
3 이스라엘 중 이십 세 이상으로 싸움에 나갈 만한 모든 자를 너와 아론은 그 진영별로 계수하되
4 각 지파의 각 조상의 가문의 우두머리 한 사람씩을 너희와 함께 하게 하라.

(민수기 1:1 – 4)

모세 시대에도 남자를 일렬로 늘어놓은 다음 세지 않고 그들의 조상과 가문으로 분류한 다음 그 명수대로 계산한 후, 그 모두를 더하여 전쟁에 나갈 수 있는 사람의 수를 세었습니다. 다시 말하면 모세는 많은 백성들의 수를 빠른 시간 안에 세는 알고리즘을 사용하였습니다. 컴퓨터도 마찬가지입니다. 아무리 인공지능으로 자기 학습을 하는 컴퓨터라도 모든 경우를 일일이 주먹구구식으로 계산하지는 않습니다. 컴퓨터도 빠른 계산을 위하여 자료나 경우의 수를 나름대로 성격에 따라 분류하고 계산하여야 합니다. 그런데 이와 같은 계산 방법은 온전히 사람들에 의해 주어지는 알고리즘입니다.

각 사람들이 정보를 습득하고 기억하고 분류하는 구체적 능력은 컴퓨터에 뒤질지 모르지만, 새로운 것을 창조하는 것은 인간의 몫입니다. 물론 컴퓨터가 산출해 내는 그림이나 음악 심지어 문학작품이 우리에게 새로운 창작물처럼 보일 수는 있습니다. 그러나 그것은 완전한 창작품은 아닙니다. 단지 우리가 컴퓨터에 입력한 정보와 알고리즘에 따라 여러 가지를 조합하여 만들어 나온 출력물입니다. 어쩌면 우리들

대부분은 컴퓨터가 학습하듯이 모방을 통하여 학습을 합니다. 그러나 이것은 우리의 궁극적 목적이 아닙니다. 우리의 목표는 모방을 넘어서는 새로운 창조입니다.

하나님의 창조물인 우리는 우리의 창조물인 컴퓨터를 잘 다룰 수 있어야 합니다. 그러기 위해서는 새로운 알고리즘을 만들어 내어, 사람들을 편리하게 또 이롭게 할 수 있어야 합니다. 즉 우리의 삶이 홍익인간의 삶이 되도록 해야 합니다. 이러한 능력을 갖추기 위해서는 논리를 기반으로 하는 수학을 공부할 필요가 있습니다.

Chapter 31

에필로그: 수학과 성경 그리고 나

31 Chapter 에필로그: 수학과 성경 그리고 나

1. 수학

수학이란 무엇인가? 글쎄요. 이 질문에 대한 대답은 사람마다 다를 것입니다. 이것은 마치 유명한 화가의 그림이나 음악가의 연주나 고전을 읽는 각 사람마다 느낌이 다른 것과 마찬가지일 것입니다. 또 대답을 하여야 하는 상대에 따라 내용의 정도나 세세한 설명의 수준이 다를 것입니다. 그런 이유인지는 모르겠지만 '수학이란 무엇인가?'에 대해 수학자들 사이에서 한마디로 통용되는 답은 분명하지 않습니다. 참 이상하지요? 수학이 어떤 분야보다도 확실하고 분명한 사실에 기반을 둔 것으로 알고 있는데 말입니다. 수학자들조차도 '수학은 이것이다.' 라고 분명히 대답하기가 어렵다니 말입니다.

기억하지 못하겠지만, 우리는 아주 어려서부터 물건을 세기 시작하였고 여러 가지 모양을 한 장난감을 가지고 놀이를 하며 자라왔습니다. 이런 세기와 모양의 개념에 대한 이해는 학교교육을 통하여 세련되게 다듬어져서, 산수와 모양이 되고 나중에는 대수와 기하로 발전되어 왔습니다. 다시 말하면 초등학교에서는 수와 수의 덧셈, 뺄셈, 곱셈, 나눗셈을 다루고, 세모, 네모, 동그라미 등의 모양과 길이, 넓이나 들이 등의 측정을 다룹니다. 그러다가 중학교에서는 문자가 도입되어 문자의 연산, 식의 계산, 규칙성과 함수, 확률과 통계, 다각형과 원에 대한 성질 등이 다루어지고, 고등학교에서는 방정식, 수열의 극한, 함수의 미분과 적분 등의 고급스런 수학의 대상을 다룹니다. 이런 과정을 지나면서 우리도 모르는 사이 수학적인 사고 기술이 원인과 결과라는 과정을 통해서 발달되고 다듬어집니다. 즉, 이런 논리적 사고 능력은 어떤 높은 단계에서 갑자기 생기는 것이 아니라, 수와 모양에 대한 감각이 발전되어가는 복잡함과 씨름해 가면서 서서히 얻어집니다. 따라서 우리는 수학을 열심히 또 꾸준히 공부할 필요가 있습니다.

그런데 도대체 수학이란 무엇인가요하고 다시 질문을 한다면, 대개는 수학은 수에 대하여 연구하는 학문이라고 대답할 것입니다. 다시 말하면 수학은 수에 대하여 연구하는 과학이라고 할 것입니다. 이것은 아마도 수학이라는 말에서 온 문자적인 의미로, 학교수학 수준의 수학을 공부한 사람들의 대답일 것입니다. 왜냐하면 기원전 500년 전까지의 고대 이집트나 바빌로니아, 고대 중국이나 한국의 수학은 거의 산수로 우리에게 전해져 내려오는 문화이기 때문일 것입니다. 사실 피타고라스의 정리로 잘 알려진 피타고라스는 '만물은 수'라고 생각하였습니다. 즉 피타고라스는 모든 세상의 것을 수로 나타낼 수 있다고 생각하였습니다. 이러한 의미에서 본다면 그리스어로 배우는 모든 것 즉 학문의 뜻으로 쓰인 수학(mathematics)은 수에 대한 학문이라는 뜻으로 쓰이는 말이 맞을지도 모른다. 사실 이런 생각은 지금도 부분적으로 맞는 대답일 것입니다.

인류가 추상적인 숫자에 대한 인식을 가진 것은 8000년의 역사 밖에는 되지 않는다고 합니다. 그러나 피타고라스 이후 300년까지의 수학은 많은 변화를 가져왔습니다. 당시의 수학자들은 수에 대한 연구로부터 멀어져서 기하에 많은 관심을 기울였습니다. 실제로 그들은 수를 길이의 측정처럼 기하학적 방법으로 여겼으나, 수(그들이 생각하고 있는 수 즉 유리수)에 상응하지 않는 길이(무리수)가 있다는 사실을 발견하고는 수에 대한 연구를 중단하다시피 하였습니다.

기하학을 강조한 그리스인들은 이제 수학을 수와 형태에 관한 학문으로 인식하였습니다. 이 시대 사람들은 수학을 단순히 측정하고, 셈하고, 계산하는 것에서 벗어나, 형식적인 논증에 의하여 수학을 논리적으로 증명할 수 있다고 인식하게 되었습니다. 이러한 접근법은 지금 우리가 주로 사용하고 있는 기하를 집대성한 유클리드(Euclid:BC 365?-BC 275?)의 <원론(Elements)>에서 절정을 이루게 되었습니다.

17세기 중반 영국의 뉴턴(Newton:1643–1717)과 독일의 라이프니츠가 미적분학을 발견하기 전까지, 수학은 수의 계산이나 기하 형태의 연구와 같은 정적인 문제들에 국한되었습니다. 그러나 운동과 변화에 대한 미적분학의 발견으로 수학자들은 행성의 운동, 자유낙하 운동, 유체의 운동, 전자기 운동, 동식물의 증가, 전염병 등의 확산과 같은 연구를 할 수 있게 되어, 수학은 자연스럽게 수, 형태, 운동, 변화, 공간에 대한 학문으로 발전하게 되었습니다.

그렇다면 수학을 무엇이라고 할 수 있을까요? 수학은 이제 수와 공간을 다루는 과학이라고 말할 수 있을 것입니다. 다시 말하면 수학은 수와 공간에 관련된 기호를 다루는 학문입니다. 그러나 앞에서 말했듯이 수학은 이들 분야뿐만 아니라 여러 다른 분야도 포함하고 있습니다. 따라서 수학은 '이것이다'라고 한마디로 정의하는 것은 아직은 수학의 변죽만 설명하는 것일 것입니다.

혹시 수학이 발전되어 온 과정과 수학의 각 분야가 갖는 특성의 공통점을 찾아본다면 수학이 무엇인가에 대한 답을 얻을 수 있지 않을까요? 18세기와 19세기의 수학자들은 특히 미적분학의 배경에 무엇이 있는지를 규명하기 위하여 수학의 응용 뿐 만 아니라 수학 그 자체에 관심을 집중하였습니다. 수학자들은 수, 형태, 운동, 변화, 공간에 대한 학문 뿐 만 아니라 이를 위한 수학적 도구에 대한 연구로 확장하였습니다. 이것이 현대수학의 출발점입니다. 20세기 들어서는 수학의 분야가 폭발적으로 증가하여 논리학, 기하학, 미적분학, 대수학, 위상수학, 확률론 등 수십 갈래로 나뉘어져 왔습니다. 수학자들은 수학이 무엇인가에 대해 대답하기 위하여, 수학의 각 분야가 가지고 있는 특징들을 종합하여 이들이 가지고 있는 공통적인 기본적 요소가 논리와 직관, 분석과 구성, 일반성과 특이성이라는 것을 발견하게 되었습니다.

수학이 가지는 기본적인 특징이 위와 같다는 것이 '수학이란 무엇인가?'에 대한 대답으로는 충분하지 않지요? 수학의 특징을 찾아가는 과정을 따라가듯 우리가 학교수학을 공부한 것을 자세히 되돌아봅시다. 산수는 여러 종류의 수의 연산에 대하여 생각하게 하고, 기하는 모양과 측정 뿐 만 아니라, 기하가 가지고 있는 심미적 성질을 찾아내려고 합니다. 특히 기하는 우리가 관찰하는 대상을 시각화하는 것뿐만 아니라 가정에서부터 시작하여 결론에 이르는 연역적 증명과정을 포함하고 있습니다. 이와 같이 수학은 어떤 가정 위에서 모순이 없이 질서를 찾아가고, 질서의 종류와 질서들 사이의 관계를 연구하는 과학인 동시에 아름다움을 추구하는 인문학이라고 볼 수 있습니다. 이때 질서는 수학 연구의 대상이 가지는 공통적 규칙성과 패턴(pattern)을 의미합니다. 물론 패턴은 구체적일 수도 있으며 추상적일 수도 있습니다. 또 가시적으로 눈에 보일 수도 있으며, 우리의 마음속에만 있는 보이지 않는 것일 수도 있으며, 정적일 수도 있고 동적일 수도 있습니다. 이렇게 수학을 본다면, 수학의 한 분야인 논리학은 생각(사유)의 패턴을, 정수론은 수의 성질과 계산의 패턴을 연구하고, 기하학은 앞에서 말한 것과 같이 형태의 패턴을 연구하고, 미분과 적분학은 여러 가지 운동에 관한 패턴을, 위상수학은 닫힘/열림의 패턴을, 위상기하학은 위치의 패턴을, 확률론은 어떤 사건이 일어날 가능성의 패턴을 연구한다고 볼 수 있습니다. 이러한 공통점을 종합해 보면 지금까지의 수학은 수학적 대상을 증명이라는 방법을 가지고 우아하고, 아름답고 간결하게, 가능하면 직관적 대상을 배제하고, 효율적으로 패턴을 연구하는 과학(학문)이라고 말할 수 있을 것입니다.

수학이란 무엇인가에 대한 답을 찾기 위하여 긴 여정을 지나왔습니다. 그렇다면 수학은 패턴을 연구하는 학문이라고 단정적으로 말할 수 있을까요? 그러나 불행하게 이것도 모든 수학자가 동의하는 수학에 대한 정의는 아닙니다. 앞에서 살펴보았듯이 각자가 수학에 대한 정의를 내릴 수 있다고 생각합니다. 물론 많은 사람들은 수학에 대한 지식을 어느 정도 가지고 있습니다. 심지어 어떤 학생들은 어른보다도 더 많은 수학 지식을 가지고 있는 경우도 있을 것입니다. 그렇다고 해서 이들 모두가 수학의 세계에 들어와 있다고 말할 수 있을까요? 많은 사람들이 '그렇다'라고 자신 있게 이야기할 지도 모릅니다. 그러나 대부분의 수학자들의 눈으로 보면 아마도 '글쎄올시다'일 것입니다. 그렇다 하더라도 보통 사람들이 수학세계의 입구에 와 있다는 것은 이들 수학자들도 인정할 것입니다.

2. 성경과 수학

수학이 무엇인가에 대한 답을 얻기 위하여 여행을 떠나온 나는 누구인가요? 글쎄요. 나는 누구인가? 나는 내가 누구인지를 잘 안다고 생각하고 있었는데 막상 대답을 하려니 내가 누구인지 한마디로 대답을 할 수가 없네요. 나의 키와 몸무게는 얼마이고, 두 눈과 귀, 팔과 다리는 좌우로 대칭이고, 아버지 어머니가 사랑하는 아들이거나 딸이죠. 이것이 나의 전부인가요? 아니요. 아직은 나의 겉모습만을 말했네요. 그렇다면 나의 속사람은 어떤 모습인가요? 나는 친절하고, 착하고, 올바르고, 나의 발전을 위해서 열심히 노력하는 사람입니다. 수학 공부를 포함해서요.

기독교인은 믿음의 사람들이라고 할 때 이들은 믿지 않는 사람들과 구분하여 이야기를 합니다. 우리는 기독교인의 믿음의 대상이 누구이며, 어떤 특성을 가지고 있는지를 알고 싶어 합니다. 물론 기독교인의 믿음의 대상은 하나님일 것입니다. 그런데 사람들이 '하나님은 누구인가요?'라고 질문을 한다면 우리는 어떻게 대답을 하나요? 우리는 여러 가지로 하나님을 '말'로 표현할 것입니다. '수학은 무엇인가?'에 대한 대답이 사람마다 다를 수 있듯이, 사람에 따라 '하나님은 누구인가?'에 대한 표현이 물론 다를 수 있습니다.

아직은 하나님이 누구인지 잘 모르지만, 모든 사람들이 공통적으로 하나님을 정의하는 표현이 있다면 그것을 따라가는 것이 좋겠죠? 하나님에 대하여 기록한 것이 <성경>이므로 성경을 잘 살펴보는 것이 하나님이 누구인지를 아는 지름길일 것입니다. 우리는 이것을 그냥 <책>이라고도 부릅니다. 이 책을 통하여 우리는 하나님이 어떤 분이신가를 이해합니다. 먼저 우리를 향한 하나님의 약속을 기록한 구약의 첫 번째 책인 <창세기>를 살펴봅시다.

창세기 1장에서 하나님이 세상을 창조하실 때 첫째 날부터 여섯째 날까지 빛과 어둠, 물과 하늘, 땅과 바다, 밤과 낮, 물고기와 새, 육축과 사람을 만드신 장면이 영화의 한 장면처럼 생생하게 기록되어 있습니다. 또한 하나님이 온 우주를 창조하신 사실 이외에도, 하나님이 구체적으로 어떤 일을 하셨고 어떤 순서로 창조하셨는지를 알 수 있습니다. 더욱이 하나님이 세상을 창조하는 순서를 보면, 우주를 만드시고 다른 생물이 살아갈 수 있는 완벽한 조건도 미리 세심하게 조성한 다음 생물을 창조하셨다는 것을 알 수 있습니다. 그런데 이것도 우리가 살기에 좋은 환경을 만들기 위한 완벽한 준비 과정이었다는 것입니다. 그만큼 하나님은 우리를 사랑하신다는 것입니다. 우리를 위한 더 이상의 준비가 필요 없을 정도로 완벽했다는 것입니다. 우리는 이것을 <창세기> 2장에서 엿볼 수 있습니다.

1 천지와 만물이 다 이루니라.

2 하나님의 지으시던 일이 일곱째 날이 이를 때에 마치니 그 지으시던 일이 다하므로 일곱째 날에 안식하시니라.

3 하나님이 일곱째 날을 복을 주사 거룩하셨으니 이는 하나님이 그 창조하시며
만드시던 모든 일을 마치시고 이날에 안식하셨음이더라.

(창세기 2:1-3)

여기에는 '하나님이 누구인가?'에 대한 대답을 분명하게 해 줍니다. 하나님이 천지의 주인이라는 것입니다. 혹자가 주장하듯이 세상이 영원하다거나 처음부터 그저 그렇게 우연히 존재하는 것이 아니라, 처음에 아무것도 없는 상태에서 하나님이 하늘과 땅을 '말씀'을 통하여 만드셨다는 것을 선언하고 있습니다. 이것은 아주 중요한 선언입니다. 이 선언을 받아들이지 않으면 기독교인의 믿음은 공허한 것이 됩니다. 다시 말하면, '아무 것도 아닌 것'을 믿는 기독교인은 '아무것도 아닌 사람'이 되는 것입니다. 이것은 수학을 시작하기 위해 필요한 아주 기본적인 사실을 부정하는 것과 같습니다. 이런 경우에는 우리가 합의한 수학이 아니라 다른 것이 될 수 있듯이, 우리가 믿는 기독교가 아니라 사이비 기독교가 될 수 있는 것입니다.

우리가 수학을 만들어가고 이해하는 것도 하나님이 천지를 창조한 것과 같습니다. 하나님이 세상을 창조하신 과정을 보면 매일매일 창조물이 그들이 가지는 성격에 따라 분류되어 있는 것을 알 수 있습니다. 물론 피조물을 분류할 때는 각기 가지는 특성이 같은 것끼리 큰 단위로 모으고 다시 세분해 나가는 것을 알 수 있습니다. 앞에서 수학은 무엇인가에 대한 하나의 대답으로 수학은 패턴을 연구하는 학문이라고 하였습니다. 물론 이때의 패턴은 수학적 대상에 대한 패턴을 말합니다. 수학도 수학의 대상이 되는 것을 우선 큰 단위로 묶고, 다시 각 단위 속에 속하는 대상의 성질을 세심하게 연구해 가는 아름다운 학문입니다.

그러나 우리는 학교수학에서 많은 경우 단순한 기계적 계산만을 강조한 면이 있기 때문에, 수학이 가지는 아름다움을 보지 못하고 지내온 것이 사실입니다. 물론 수학의 아름다움을 느끼는 경지에 오르는 것은 쉽지 않을 수 있습니다. 그러나 그 과정은 마치 우리가 누구인지, 하나님이 누구인지 알아가는 과정과 같이 즐거운 여정입니다. 물론 이 여정에는 어려움이 있을 수 있습니다. 왜냐하면 보지 못하는 것을 알아내기란 쉽지 않기 때문입니다. 그렇다고 해서 수학의 여행을 떠나보지 않으면 수학을 만나보지도 못합니다. 보이지 않는 것에 대한 믿음이 어려움을 통해서 더욱 굳건해지는 것처럼, 수학에 대한 어려움을 맞닥뜨리면서 도전할 때 수학에 대한 이해가 튼튼해질 것입니다. 사실 <창세기>에서 언급한 것과 같이 하나님이 인간을 하나님의 형상대로 만들어 놓고 심히 기뻐하실 때까지, 하나님도 많은 시간을 기다렸습니다. 첫째 날부터 닷새가 되기까지 하늘과 땅, 밤과 낮, 식물과 동물이 살아갈 수 있는 완벽한 환경이 조성될 때까지 오랜 동안 기다렸습니다. 그다음 여섯째 날이 되어서야 인간을 만드시고 심히 기뻐하시며 그 전에 만드신 모든 것을 인간에게 맡기셨습니다. 인간은 그런 아름다운 존재입니다.

수학의 아름다움에 대한 논의는 많지 않지만, 그리스의 아리스토텔레스(Aristotle:BC 384–BC 322)는 수학은 순서(order), 대칭(symmetry)과 극한(limit)을 다루는 학문이며, 이들은 아름다움의 극치라고 말하였습니다. 프랑스의 포앙카레(Poincare:1854–1912)는 수의 창조 가운데 중요한 요소는 논리성보다는 심미성이라고 강조하였으며, 영국의 하디(Hardy:1877–1947)는 수학적 패턴은 화가나 시인의 작품 속에 나타난 패턴처럼 아름다워야 한다고 말하였습니다. 심지어 영국의 노벨 물리학 수상자인 디락(Dirac:1902–1984)은 아름다운 방정식을 만드는 것은 실험 결과에 잘 맞는 방정식을 만드는 것보다 더 중요하다고 수학의 아름다움을 주장하였습니다.

어쩌면 우리는 하나님이 만드신 세상을 단 한 번에 알아챌 수 없을지도 모릅니다. 그러나 세상을 하나하나 알아가다 보면 하나님이 세상을 만드신 목적이 무엇인지를 즉 하나님의 뜻을 알아가게 될 것입니다. 마찬가지로 수학의 대상 하나하나를 공부하고 이해해가다 보면 수학이 무엇인지, 수학이 얼마나 아름답고 얼마나 좋은 것인지 어렴풋하게나마 그림을 그려볼 수 있을 것입니다.

3. 나와 성경

지금 이 순간, 우리는 '나는 누구인가?'에 대한 답을 찾아 나선 여행자입니다. 그런데 나를 잘 들여다 볼 수 있는 방법은 나를 거울에 비추어보는 것입니다. 그렇다면 나를 어떤 거울에 비추어 볼까요? 여기서는 <성경>을 거울삼아 나를 비추어보기로 합시다. 성경에 의하면 처음에 우리는 하나님이 지극히 사랑하는 하나님 보시기에 선한 사람이었습니다. 그러나 자세히 들여다보니 꼭 그런 것만은 아닌 것 같습니다. 내 마음 속에는 처음의 모습만이 아닌 다른 모습도 있는 것 같습니다.

진정한 나의 모습은 어느 것일까요? 하나님은 왜 자신의 형상대로 나를 만들었는가요? 우리는 이러한 물음과 더불어 나에 대한 성찰을

끊임없이 하면서 살아갑니다. 물론 이 물음은 아담과 하와가 하나님을 '의심한 것'과는 다른 종류입니다. 구약성경의 <창세기> 3장에서는 다음과 같이 말씀하고 계십니다.

1 그런데 뱀은 여호와 하나님이 지으신 들짐승 중에 가장 간교하니라 뱀이 여자
에게 물어 이르되 하나님이 참으로 너희에게 동산 모든 나무의 열매를 먹지 말
라 하시더냐
2 여자가 뱀에게 말하되 동산 나무의 열매를 우리가 먹을 수 있으나
3 동산 중앙에 있는 나무의 열매는 하나님의 말씀에 너희는 먹지도 말고 만지지
도 말라 너희가 죽을까 하노라 하셨느니라.
4 뱀이 여자에게 이르되 너희가 결코 죽지 아니하리라
5 너희가 그것을 먹는 날에는 너희 눈이 밝아져 하나님과 같이 되어 선악을 알
줄 하나님이 아심이니라
6 여자가 그 나무를 본즉 먹음직도 하고 보암직도 하고 지혜롭게 할 만큼 탐스럽
기도 한 나무인지라 여자가 그 열매를 따먹고 자기와 함께 있는 남편에게도 주
매 그도 먹은지라
7 이에 그들의 눈이 밝아져 자기들이 벗은 줄을 알고 무화과나무 잎을 엮어 치마
로 삼았더라.

(창세기 3:1-7)

하나님과 같은 형상으로 지어진 아담과 하와가 뱀의 꼬임으로 하나님의 말씀을 '의심'하면서, 하나님과 같게 되고자하는 욕심으로 하나님께 죄를 짓는 장면입니다. 그러나 사실은 '아담과 하와'가 아니라 '내가' 사탄의 꼬임에 빠져 하나님의 말씀에 따라 사는 것이 아니라 내가 하나님인 것처럼 내 마음대로 나의 삶의 살고자하는 죄를 범하는 장면입니다. 피조물인 내가 창조주이신 하나님과 대등한 관계를 가지려는 나의 욕심 때문이지요. 이런 결과로 하나님은 <창세기> 3장에서

다음과 같이 말씀하고 계십니다.

> **16** 또 여자에게 이르시되 내가 네게 임신하는 고통을 크게 더하리니 네가 수고하
> 고 자식을 낳을 것이며 너는 남편을 원하고 남편은 너를 다스릴 것이니라 하
> 시고
> **17** 아담에게 이르시되 네가 네 아내의 말을 듣고 내가 네게 먹지 말라 한 나무의
> 열매를 먹었은즉 땅은 너로 말미암아 저주를 받고 너는 네 평생에 수고하여야
> 그 소산을 먹으리라
> **18** 땅이 네게 가시덤불과 엉겅퀴를 낼 것이라 네가 먹을 것은 밭의 채소인즉
> **19** 네가 흙으로 돌아갈 때까지 얼굴에 땀을 흘려야 먹을 것을 먹으리니 네가 그
> 것에서 취함을 입었음이라 너는 흙이니 흙으로 돌아갈 것이니라 하시니라
>
> (창세기 3:16 – 19)

위의 성경은 아담과 하와가 하나님의 말씀을 듣지 않은 죄를 짓고 나서 하나님이 우리와 경계를 두신 것을 말하고 있습니다. 먼저 땅에 대한 저주입니다. 죄를 짓기 전과는 달리 풍성한 열매를 얻기 위해서 아담과 하와는 열심히 일을 해야 한다는 것입니다. 그렇더라도 하나님의 사랑을 엿볼 수 있는 것이, 하나님은 뱀에게는 직접적으로 저주를 하셨지만 아담에게는 직접적으로 저주를 않으시고 아담에게는 노동하게 했다는 것입니다. 따라서 노동은 우리가 충실히 해나가야 할 의무입니다. 그런데 아담의 노동이 전에는 즐거움 그 자체이었지만 이제는 땀 흘려 일해야만 한다는 것입니다. 학생에게는 공부도 마찬가지입니다. 땀을 흘려 열심히 해야 하는 것은 우리의 선택이 아닌 하나님의 명령이기 때문입니다. 또 다른 하나는 우리의 수명이 짧아졌다는 것입니다. 그러나 다행히도 하나님은 죄로 벌거벗은 아담과 하와에게 가죽옷을 입혀주는 사랑을 베풉니다. 다시 말하면 우리에게 예수의 희생을

통한 사랑을 보여주시며, 우리의 삶의 모델로 예수를 닮아가게 하심으로 나와 하나님과의 관계를 회복시켜주시려고 합니다. 그런데 그 모델은 어떤 모습을 하고 있을까요?

4. 수학과 성경 그리고 나

수학이 무엇인지 한마디로 쉽게 표현하기는 어렵지만 수학의 한 분야 분야마다 가지는 특징을 종합하면 나름대로 수학을 한마디로 표현할 수 있을 것입니다. 마치 하나님이 사람이 살아가도록 사전 환경을 조성하는 것과 같이, 학교수학은 우리가 수학을 이해하기 위해 준비하는 과정과 같습니다. 하나님을 알아가는 여정을 성경이 안내해 주지만 우리의 수고를 필요로 합니다. 수학을 이해하는 것도 인내가 필요합니다.

수학은 인간이 활동하는 거의 모든 영역에 유용한 면을 가지고 있으면서도 수학 그 자신에 대해서 수학은 무엇인가 하는 질문을 낳습니다. 그러나 이 질문은 앞에서도 언급했지만 아담과 하와가 '의심'했던 것과는 다른 것입니다. 이것은 알지 못하는 것에 대한 호기심입니다. 어쩌면 수학을 공부한다는 것 자체가 수학에 대한 질문을 생산하는 것인지도 모릅니다. 수학은 우주가 어떻게 움직이는가를 묘사해 줍니다. 그런데 성경은 우주의 한 부분으로서 우리가 어떻게 살아야 하는지를 설명해줍니다.

수학은 세계적이지만 아주 작은 사소한 일이나 국지적인 일에도 유용하게 잘 적용됩니다. 수학의 어떤 부분은 믿을 수 없을 만큼 멀게 또는 어렵게 느껴지지만, 다른 어떤 부분은 모든 사람에게 아주 자연스럽게 받아들여지는 부분이 있습니다. 사실 우리는 아주 어려서부터 세는 것을 배우고 수나 모양과 공간에 대한 기본 개념을 아주 직관적으로 받아들였습니다. 이러한 것들을 의미 있게 만들기 위하여 수학자들은 이들의 구조나 관계, 항상성을 내포하고 있는 의미를 조사합니다.

사람들은 아마도 물리적 세상이 어떠한 것인지를 관찰하려는 호기심이 수학이 무엇인가를 알아보는 여행의 동기가 되었을 것입니다. 그러나 수학에 대한 여행의 길은 단순한 호기심을 훨씬 능가하는 것입니다. 왜냐하면 지식과 사고 체계의 집합체인 수학은 그 자체로서의 생명과 의미를 가지기 때문입니다. 수학의 아름다운 여정에 동참하는 일은 어려운 일이지만 수학의 여행은 충분한 가치가 있는 일입니다. 마치 우리가 영과 혼을 가진 작은 몸이고 우리가 누구인지를 아는 것이 쉽지 않지만 인생이 아름다운 여행인 것처럼 말입니다.

1900년 파리에서 열린 국제수학자대회에서 23개의 수학의 문제들을 던져 수학의 발전에 획기적인 공헌을 한 독일의 수학자 힐베르트(Hilbert:1862–1943)의 말처럼 수학은 나눌 수 없는 전체로서 각 부분의 연결에 따라 그 생명형태가 결정되는 유기체와 같은 것으로 자생력이 있는 소우주와 같습니다. 수학은 모든 과학과 인간의 사유 과정을 모델화하며 반추해 주는 거울과 같은 작용을 하고 있습니다. 지금까지도 그래왔지만 앞으로도 계속해서 수학은 수학 내적인 분야에서 뿐 아니라 수학 외의 분야에도 더 많은 영향력을 행사할 것입니다. 극단적으로 말한다면, 수학은 인간이 자연을 정복하고 이해하며 사유의 형태를 가다듬어 인류의 발전을 꾀하는데 필수적인 학문이라고 말할 수 있을 것입니다. 사실 수학의 발전 과정을 되돌아 볼 때 인간의 호기심과 이해에 대한 끊임없는 추구로 인하여, 수학은 계속적으로 발전되고, 관심을 가지고 사랑받으며 여러 세대를 통하여 전수되어 왔습니다. 이러한 결과로서 수학은 인간의 이성적 사유에 대한 가장 정확한 표현 수단으로 여겨지고 있습니다.

이런 이유로 학교수학은 학교교육에서 매우 중요한 부분을 차지하고 있습니다. 단순히 수학이란 과목이 학교에서 차지하는 비중이나 영향력이 커서 중요하다고 하는 것은 아닙니다. 수학이 매우 유용한 학문이고, 사람의 지적인 활동을 강화시켜 주며, 수학 자체의 아름다움을 느끼게 하는 것이기 때문입니다. 다시 말하면, 수학은 개개인의 인생을 꾸려 가는데 있어 논리적, 합리적인 사고를 할 수 있게 하는 좋은 학습도구이며, 특별히 이공계를 공부할 사람들에게는 필수적으로 사용되는 도구라고 생각하기 때문입니다. 이러한 의미에서 수학을 도구과목이라고 부르는 사람도 있습니다. 그러나 앞에서도 말했듯이 학교수학은 도구과목에서 더 나아가 구체적인 사실로부터 일반화, 추상화된 사실을 알아가는 심미적 태도의 도야를 위한, 수학 그 자체의 발전을 위한 것을 수학교육의 목표로 삼고 있습니다. 따라서 학교수학은 이공계 학생뿐만 아니라 모든 학생이 배우고 익혀야할 과목입니다.

그럼에도 불구하고 많은 사람들은 학교수학이 상급학교에 진학하는데 중요하게 영향을 끼치는 것 외에는 별로 중요하지 않다고 생각합니다. 왜냐하면 학교생활에서 많은 시간을 수학을 공부하는데 보냈지만 생활 속에서 수학을 이용한 경험을 갖지 못했다는 것입니다. 즉 자신의 경험에 비추어 학교수학을 배운 이후 자신의 삶 속에서 경제생활에 필요한 아주 기본적인 산술 이외에는 수학을 활용하여 당장 닥친 실생활문제를 해결한 적이 없다고 이야기 합니다. 이런 실용적인 면의 결여 때문에 학교수학의 내용을 전향적으로 축소하여야 한다고 주장하기도 합니다. 더욱이 장래에 수학을 필요로 하는 학생에게만 수학교육을 하자는 주장도 있습니다. 과연 그래도 될까요?

나는 누구인가를 살펴볼 때, 나는 오로지 경제생활을 영위하는 데 필요한 것 외에 다른 것을 배울 필요가 없는 존재인가요? 시를 분석하거나, 고전을 읽고 감상한다거나, 다른 나라의 언어와 문화를 배우거나, 우리의 역사를 배우는 것이 실생활에서 얼마나 중요한가요? 그럼에도 불구하고 유독 수학의 현실적 필요성만을 요구하는 이유는 무슨 이유일까요? 이것은 아마도 수학을 도구적 학문으로만 인지하기 때문일 것입니다. 이런 회의를 없애기 위해서 수학은 무엇인가를 다시 한 번 진지하게 고민해보아야 합니다.

지금까지 우리는 초등학교 수준에서 만나는 수학을 보다 높은 수준의 수학의 세계에서 바라보았습니다. 왜 높은 수준의 수학에서 바라보는 것이 필요한가요? 사실 우리가 초등학교에서 여러 가지의 수학 대상을 직관적으로 다루지만 여기에도 높은 정도의 수학적 내용이 들어가 있습니다. 단지 우리가 모르기 때문에 느끼지 못하는 것이지요. 이것을 이해하면 앞으로 수학을 이해하는데 흔들림 없이 나아갈 수 있습니다. 물론 이렇게 하는데 많은 인내와 노력을 요구합니다. 우리가 지금까지 적용해왔던 직관적 생각이 마냥 유효하지는 않습니다. 앞으로는 진지한 논리적 사고와 이를 위한 많은 시간과 훈련이 필요합니다. 특히 기독교인들에게는 수학적 내용을 성경과 연결하여 이해하려는 태도가 의미가 있을 것입니다. 왜냐하면 수학을 통해서 하나님을 좀 더 잘 이해할 수 있고, 나와 하나님과의 관계를 통해 내가 누구인지를 잘 알 수 있을 것이라 생각하기 때문입니다.

참고문헌 및 사진

[1] 교육부, 수학과 교육과정(2015)

[2] 김경렬, 노벨상과 함께하는 지구여행, 한국과학기술한림원출판부(2007)

[3] 아가페, 한영해설 성경(1997)

[4] 정상권, 초등학교 수학을 따라가는 수학, 교우사(2008)

[5] 칼 바르트, 전경연 역, 바르트 교의학개요, 성문학사(1971)

[6] M. Henry, Commentary on the whole bible, Zondervan Publishing House(1960)

[7] https://tse1.mm.bing.net/th?id=OIP.9r-XY3CXKHr2KJV6fPPmQAAAAA&w=123&h=169&c=7&o=5&dpr=1.25&pid=1.7

[8] https://upload.wikimedia.org/wikipedia/commons/thumb/b/b6/Gutenberg_Bible%2C_Lenox_Copy%2C_New_York_Public_Library%

[9] https://upload.wikimedia.org/wikipedia/commons/thumb/4/44/Truth-Warner-Highsmith.jpeg/220px-Truth-Warner-Highsmith.jpeg

[10] https://upload.wikimedia.org/wikipedia/commons/thumb/7/73/God2-Sistine_Chapel.png/320px-God2-Sistine_Chapel.png

[11] https://upload.wikimedia.org/wikipedia/commons/thumb/6/61/Peter_Paul_Rubens_004.jpg/220px-Peter_Paul_Rubens_004.jpg

[12] https://www.bing.com/th?id=A3b0856f13b5614b003408eba9ad2f4c0&w=110&h=110&c=7&rs=1&qlt=80&pcl=f9f9f9&cdv=1&pid=16.2

[13] https://www.differencebetween.com/wp-content/uploads/2015/01/Difference-Between-Determinism-and-Fatalism_Toppledominos.jpg

[14] https://upload.wikimedia.org/wikipedia/commons/thumb/e/ec/Carl_Friedrich_Gauss_1840_by_Jensen.jpg/220px-Carl_Friedrich_Gauss_1840_by_Jensen.jpg

[15] https://upload.wikimedia.org/wikipedia/commons/thumb/6/6f/James_Jacques_Joseph_Tissot_-_Adam_and_Eve_Driven_From_Paradise_-_Google_Art_Project.jpg/200px-James_Jacques_Joseph_Tissot_-_Adam_and_Eve_Driven_From_Paradise_-_Google_Art_Project.jpg

[16] https://upload.wikimedia.org/wikipedia/commons/thumb/5/56/Richard_Dedekind_1900s.jpg/220px-Richard_Dedekind_1900s.jpg

[17] https://upload.wikimedia.org/wikipedia/commons/thumb/f/f6/Europe_a_Prophecy%2C_copy_D%2C_object_1_%28Bentley_1%2C_Erdman_i%

[18] https://upload.wikimedia.org/wikipedia/commons/thumb/c/cc/Leopold_Kronecker_1865.jpg/220px-Leopold_Kronecker_1865.jpg

[19] https://upload.wikimedia.org/wikipedia/commons/thumb/8/8a/The

_Knesset_Menorah_P5200010_Moses.JPG/220px-The_Knesset_Menorah_P5200010_Moses.JPG

[20] https://upload.wikimedia.org/wikipedia/commons/thumb/8/82/God_judging_adam_blake_1795.jpg/275px-God_judging_adam_blake_1795.jpg

[21] https://upload.wikimedia.org/wikipedia/commons/thumb/1/1c/James_Ussher_by_Sir_Peter_Lely.jpg/220px-James_Ussher_by_Sir_Peter_Lely.jpg

[22] https://upload.wikimedia.org/wikipedia/commons/thumb/0/05/Gerard_van_Honthorst_-_Adoration_of_the_Shepherds_%281622%29.jpg/220px-Gerard_van_Honthorst_-_Adoration_of_the_Shepherds_%281622%29.jpg

[23] https://upload.wikimedia.org/wikipedia/commons/6/69/V%26A_-_Raphael%2C_Christ%27s_Charge_to_Peter_%281515%29.jpg

[24] https://upload.wikimedia.org/wikipedia/commons/thumb/6/60/Sacrifice_of_Isaac-Caravaggio_%28Uffizi%29.jpg/220px-Sacrifice_of_Isaac-Caravaggio_%28Uffizi%29.jpg

[25] https://upload.wikimedia.org/wikipedia/commons/thumb/1/10/Brugghen%2C_Hendrick_ter_-_Esau_Selling_His_Birthright_-_c._1627.jpg/250px-Brugghen%2C_Hendrick_ter_-_Esau_Selling_His_Birthright_-_c._1627.jpg

[26] https://upload.wikimedia.org/wikipedia/commons/thumb/c/cc/Raphael_-_The_Miraculous_Draft_of_Fishes_-_Google_Art_Project.jpg/220px-Raphael_-_The_Miraculous_Draft_of_Fishes_-_Googl

e_Art_Project.jpg

[27] https://upload.wikimedia.org/wikipedia/commons/thumb/e/e3/Simon_Bening_-_September.jpg/220px-Simon_Bening_-_September.jpg

[28] https://upload.wikimedia.org/wikipedia/commons/thumb/6/64/Millet_Gleaners.jpg/220px-Millet_Gleaners.jpg

[29] https://m.media-amazon.com/images/M/MV5BN2YxYTUyMTItYmU4ZS00OTIzLWIwMWQtMDY3NzRiMmIyMWMxXkEyXkFqcGdeQXVyMTQxNzMzNDI@._V1_UX182_CR0,0,182,268_AL_.jpg

[30] https://upload.wikimedia.org/wikipedia/commons/thumb/9/9b/LZB_in_Flensburg_-_Niederdeutsche_Lutherbibel_von_1574-1580%2C_Bild_11B.JPG/220px-LZB_in_Flensburg_-_Niederdeutsche_Lutherbibel_von_1574-1580%2C_Bild_11B.JPG

[31] https://upload.wikimedia.org/wikipedia/commons/thumb/e/e8/1759_map_Holy_Land_and_12_Tribes.jpg/715px-1759_map_Holy_Land_and_12_Tribes.jpg

[32] https://upload.wikimedia.org/wikipedia/commons/thumb/e/e0/FarewellApostles.jpg/120px-FarewellApostles.jpg

[33] https://upload.wikimedia.org/wikipedia/commons/thumb/5/59/Gustave_Dore_Lazarus_and_the_Rich_Man.jpg/220px-Gustave_Dore_Lazarus_and_the_Rich_Man.jpg

[34] https://tse1.mm.bing.net/th?id=OIP.G-KfozZ3sdbWWTZXXBbWXAHaEV&w=192&h=105&c=8&rs=1&qlt=90&dpr=1.25&pid=

3.1&rm=2

[35] https://upload.wikimedia.org/wikipedia/en/thumb/5/59/Solomon%27s_Temple_Jerusalem.jpg/220px-Solomon%27s_Temple_Jerusalem.jpg

[36] https://upload.wikimedia.org/wikipedia/commons/thumb/3/35/SolomonsTemple.png/220px-SolomonsTemple.png

[37] https://upload.wikimedia.org/wikipedia/commons/thumb/2/28/Brazen_Sea_of_soloman_From_Jewish_Encyclopedia.jpg/220px-Brazen_Sea_of_soloman_From_Jewish_Encyclopedia.jpg

[38] https://upload.wikimedia.org/wikipedia/commons/thumb/b/b1/Gantesalomon.jpg/374px-Gantesalomon.jpg

[39] https://upload.wikimedia.org/wikipedia/commons/thumb/2/23/Noahs_Ark.jpg/207px-Noahs_Ark.jpg

[40] https://upload.wikimedia.org/wikipedia/commons/thumb/f/f7/Hieronymus_Bosch_-_The_Garden_of_Earthly_Delights_-_The_Earthly_Paradise_%28Garden_of_Eden%29.jpg/170px-Hieronymus_Bosch_-_The_Garden_of_Earthly_Delights_-_The_Earthly_Paradise_%28Garden_of_Eden%29.jpg

[41] https://m.media-amazon.com/images/M/MV5BODcxYjUxZDgtYTQ5Zi00YmQ1LWJmZmItODZkOTYyNDhiNWM3XkEyXkFqcGdeQXVyNjc1NTYyMjg@._V1_UX182_CR0,0,182,268_AL_.jpg

[42] https://upload.wikimedia.org/wikipedia/commons/thumb/5/52/Jesus-Christ-from-Hagia-Sophia.jpg/175px-Jesus-Christ-from-Hagia-S

ophia.jpg

[43] https://upload.wikimedia.org/wikipedia/commons/thumb/7/78/Pascaline-CnAM_823-1-IMG_1506-black.jpg/220px-Pascaline-CnAM_823-1-IMG_1506-black.jpg